谨以此书献给顾震潮先生

中国的防雹实践和理论提炼

许焕斌　著

内容简介

我国的防雹实践中一直伴有的"爆炸—动力"扰动，但对"爆炸—动力"扰动防雹的机理未能说明白，因而受到了学术界的质疑。本书在了解了基层防雹作业实践经验和体会的基础上，反推出其应有的物理模型和数值模式，并模拟再现了种种已观测到的特征现象。结果是，理论给出的防雹实施要领恰巧与基层防雹实践中的举措相吻合。这不仅佐证了中国防雹实践中所采取的举措是符合雹云物理学与爆炸物理学耦合发展的新规律，还提炼出了具有原创性的防雹动力效应的机理。

本书可供人工影响天气工作的决策者、研究者、管理者、从业者及爱好者参考。

图书在版编目(CIP)数据

中国的防雹实践和理论提炼 / 许焕斌著. --北京：气象出版社，2021.5(2021.7重印)

ISBN 978-7-5029-7440-4

Ⅰ. ①中… Ⅱ. ①许… Ⅲ. ①防雹-研究-中国 Ⅳ. ①P482

中国版本图书馆CIP数据核字(2021)第087130号

中国的防雹实践和理论提炼

Zhongguo de Fangbao Shijian he Lilun Tilian

出版发行：气象出版社
地　　址：北京市海淀区中关村南大街46号　**邮政编码**：100081
电　　话：010-68407112(总编室)　010-68408042(发行部)
网　　址：http://www.qxcbs.com　**E-mail**：qxcbs@cma.gov.cn
责任编辑：王萃萃　郑乐乡　**终　　审**：吴晓鹏
责任校对：张硕杰　**责任技编**：赵相宁
封面设计：地大彩印设计中心
印　　刷：北京地大彩印有限公司
开　　本：710 mm×1000 mm　1/16　**印　　张**：7
字　　数：138千字
版　　次：2021年5月第1版　**印　　次**：2021年7月第2次印刷
定　　价：60.00元

◆序　一◆

我国是世界上冰雹最多发的国家之一，长期以来，为降低雹灾损失，保护粮食作物特别是林果等经济作物免遭冰雹袭击，各地人民政府组织气象等有关部门采取多种手段开展人工防雹作业，取得了良好效果，得到了广大人民群众的认可和高度赞誉。

当前，我国防雹主要采用高炮和火箭等手段，针对强对流云（冰雹云）开展作业。无论是哪种手段，前提条件是对雹云结构特别是冰雹形成和增长机制要有充分了解，在此基础上科学制定防雹策略和开展作业。

许焕斌研究员长期致力于雹云物理和人工防雹研究，开创性地提出了雹云中的“零线”结构和“穴道”增长理论，特别是通过对“炮响雨落”和“箭响雨落”等防雹实践的长期观察与总结，对爆炸防雹原理给出了理论解释，由此提炼出特有的“零线—穴道”防雹概念模型，对防雹作业起到了很好的指导作用。通过多年与一线实践作业人员的走访交流，从实践出发，许老师进一步修订完善防雹理论模型，在前期多部专著的基础上，又撰写了《中国的防雹实践和理论提炼》一书。本书最大的特色就是：理论来源于实践，又反过来指导实践，即实践出真知。

我国人工影响天气（简称“人影”）工作经过60余年的发展，在业务技术、装备弹药、服务领域等方面均有长足进步，但不可否认的是，人工影响天气的基础理论、应用技术等还没有实质性突破。这固然是由于云降水物理过程的复杂多变，但也可能与人工影响天气科技工作者拘泥于云微物理过程而较少地涉猎云降水动力、热力过程研究有关。同时，更自觉地利用系统论、控制论等方法对人工影响天气过程进行研究，也可能是当今“推动人工影响天气高质量发展”的一条有效途径。从这一角度，本书给广大的人影科技工作者提供了一个很好的示例。

许老师在耄耋之年仍关心中国的防雹事业，对后辈从业人员也寄予着很大的期望。老一辈科学家谦逊的治学态度和严谨求实的科学品格，值得我们学习。人影理论从实践中来，怎么来，本书具有很好的参考意义。

李集明

2021 年 4 月

◆序　二◆

六十多年来，我国人工影响天气工作者栉风沐雨、砥砺前行，谱写了人影事业的壮丽篇章。

2008年10月在长春召开的第15届全国云降水与人工影响天气科学会议上，中国气象学会表彰了32位在过去50年中为中国人影事业发展做出了突出贡献的老专家，本书作者许焕斌研究员就位列其中。10年之后的2018年，他们之中能够参加人工影响天气60周年纪念活动者就寥若晨星。而此时的许先生依然耕织于这项造福于人类的人影事业，屡次深入基层传授知识、指导实践，并将丰富的外场作业数据、观测事实不断充实理论研究。毕其一生，完成了从实践到理论的跨越。他在耄耋之年，集腋成裘，将这本力作《中国的防雹实践和理论提炼》贡献给大家。

从古到今，无论是民间自发的土炮防雹还是现代有组织的高炮防雹，都避不开"爆炸"对雹云的影响机制问题，与此相伴的"炮响雨落"现象，"确切而顽强"地横在我们面前，"挥之不去，闭眼即来"。因此有不少人工影响天气科技工作者相继做了一个又一个探索性的实验，但似乎都在外围摸索。而许先生勇敢地跨进了这个"荒蛮之地，神秘之园"，孜孜不倦，上下求索，在雹云结构、降雹物理过程的模拟、爆炸对云的宏观影响的模拟等方面屡获成果。他在此基础上，对其成果加以系统化和浓缩，形成了本书的三层理论架构。其基层理论架构是强对流云体的"零线"结构，阐明由此种结构引发的成雹聚雨起电效应和大雹的循环运行增长的机理；中层是高速飞行和爆炸的动力扰动理论及物理-数值模型；顶层是我国防雹实践的理论提炼及应用，从而在理论上肯定了中国式防雹的科学性。

读过本书，我们有理由乐观一些，有理由自信一些，我们可以带着这个自信走入新的时代，翱翔于新的云天。

夏彭年

（夏彭年）

2021年2月6日

◆序　三◆

冰雹是由强对流系统引发的剧烈天气现象。我国每年冰雹灾害频发，是世界上四大冰雹多发地区之一。冰雹灾害给我国农业、通信、电力、建筑、交通等行业以及人民生命财产等造成严重损失。为了降低灾害损失，各级地方政府非常重视人工防雹工作。我国60多年的防雹工作惠及了广大农民群众，也得到了地方政府充分认可。

许焕斌老师的新作《中国的防雹实践和理论提炼》对我国防雹工作中的诸多问题做了系统性总结，是一来自实践，形成理论，再指导实践的好书，对提高人工防雹作业效果，减轻灾害损失，具有显著的现实意义。

许焕斌老师通过走访众多基层炮手，了解基层防雹实践的真实活动，回顾我国古代防雹活动及近代防雹实践历程发现，“爆炸—动力”扰动的基因一直延续其中，形成了具有中国特色的基层防雹系统。书中给我印象最深刻之处是，虽然“爆炸—动力”扰动为什么能防雹的机理不清楚，又多受质疑，但是，作者通过防雹实践反推其应有的物理模型和数值模式，模拟再现了种种已观测到的现象，证实了我国防雹实践中所采取的举措不仅符合雹云物理学与爆炸物理学耦合发展的新规律，还提炼出了具有原创性的防雹动力效应机理。

许焕斌老师从事人工影响天气科学研究、教育和作业技术发展等工作50多年，无论基础理论还是实践经验都是我国人工影响天气领域的权威专家，是我最敬重的老一辈科学家。《中国的防雹实践和理论提炼》还回答了作业部位和作业强度等防雹活动中的关键问题，解释了许多防雹中的疑惑，是一本值得从事人工防雹活动的决策者、学者、管理者、从业者及爱好者阅读和参考的科技书籍。

（余兴）

2021年3月2日于西安

◆序　四◆

接到许先生电话，老人家让我为他的新作《中国的防雹实践和理论提炼》写个序，我是既欣喜又深感压力，喜的是我可以有幸更早地阅读和学习这本书，有压力的是恐体会不深，完不成老人家交给我的任务。恭敬不如从命，我还是试着说说我的学习体会吧。

正如许先生本人所说，这本书是为年轻学子所写，我是非常愿意被归为此类读者的，这样显得我更年轻一些。作为一个青年学子，我有以下几点学习体会。

第一个感受是许先生行文风格鲜明，语言形象生动、深入浅出、鞭辟入里。读许先生的书，就像和老人家交谈一样，形象的比喻和入木三分的剖析，让我豁然开朗、如沐春风。

第二个感受是许先生治学充满着科学的批判与质疑，同时又具有强烈的责任感、使命感。批判与质疑是科学进步的不竭动力，批判的科学精神恰恰是我们青年一代特别需要学习和继承的；与此同时，阅读此书更能感受到许先生爱国爱民爱科学的赤子之心，也深深地被许先生孜孜以求、甘为人梯、敬业奉献的精神感动着。

第三，许先生搞研究充满着辩证思维，许老师从实践出发，通过归纳、演绎和提炼，建立了动力扰动干预冰雹的新理论。冰雹是强对流的产物，是动力过程与微物理过程相互作用的结果，伴随零线特征的组织化的动力结构是孕育冰雹适宜的温床。干预动力结构防雹是从“根”上做文章，做得好自然要比干预微物理过程来得更直接，效果也更明显，但强对流系统能量巨大，一定采用“四两拨千斤”的方法打破局地的稳定，激发出背景的大的不稳定，方可取得好的效果。

目前仍有许多难题还尚需解决，许先生在书中给出了理论与方法指导，这些新理论的发现与建立必将为指导防雹事业的快速发展提供重要理论基础、技术支持和操作参考。从科学性和可操作性两方面，这本书一定会成为人工影响天气领域年轻科技工作者的良师益友。在许先生等老一辈科学家无私奉献精神感召下，使命催征，我辈当奋勇前进！我坚信随着国家强对流系统立体精细化观测体系的建立，相控阵雷达雹云跟踪观测系统的研制与应用，新的动力扰动方法不断涌现，系统性干预试验持续开展，我国防雹事业一定能够取得更大进步！

张云

国防科技大学气象海洋学院

2021 年 4 月 12 日 子夜于南京

◆前　言◆

2021年元旦刚过，我萌生了一个想法：通过写书来为年轻学子服务。书的内容不仅要写些知识性的学术成果及对一些疑难问题的综合性看法，而且要面对一个方面的重要命题来做系统性论证。书要有事实、有疑问、有见解、有提炼、有洞察、有顿悟……还得有结论、有方案。这就需要把只具备"书库"性能的书变成还具有"智库"功能的书。这样的书应该有益于增强解决重要且复杂问题的能力吧！

我是学习、研究强对流云物理的，也是探讨防雹、对流云增雨的，自然就想到了雹云云体物理和具有特色的中国防雹实践这一命题上来了。

为此，就试着写一本吧！书就起名为《中国的防雹实践和理论提炼》吧！写作初衷是：不可"新瓶装老酒"，但求"老调唱新歌"！难道老调中就没有一点新鲜的音符吗？

考虑到写这本书的难点是"门槛"偏高、"门洞"偏深、"门径"偏窄，具"冷宫"感，所以，引用的基础素材应当是争议较小、可信度较大，且是读者较为熟悉的，力求有最大的"公约数"和共识度，这才能避免一开始动笔就陷入枝节性的学术分歧泥潭。不然，何谈"提炼"、何谈"升华"呢？

对待新事物，笔者认为：需先看它有没有开新局的端倪，而不是看它当前是否已经达到了精准完美。

"实践是大众的实践"，笔者只是一名年纪大的"小学生"。在学习的历程中得到了各相关部门、相关人士的鼎力支持。我试着把学习到的体会写出来，也是一种对老师们的回报。我曾应邀全程参加了中国华云气象科技集团组织的燃气炮参数和效应外场测试，也应邀全程参加了清华大学北京维埃特新技术发展有限责任公司组织的用变频强声装置来照射云体的声场增雨外场试验。我感到其中有些“现象”是值得介绍给大家的，所以在征得他们（中国华云气象科技集团：薛蔚经理；北京维埃特新技术发展有限责任公司：席伟经理）同意后写在附录中，以“点赞”他们不断给人工影响天气事业做出的新贡献。

特别需要感谢的是，在笔者有意写这本书时，中国气象局人工影响天气中心就给予了鼓励，写了序言，明确了当今“推动人工影响天气高质量发展”的方向，并资助出版。

衷心感谢夏彭年研究员、余兴研究员和青年教授张云在各自序言中给予的指点和赞许。正如“人影名将”夏老所说的“我们有理由自信一些，可以带着这个自信走入新的时代，翱翔于新的云天”。我愿尾随着大家“走入新时代，翔于新云天”。特别是戎装学者张云所代表的第三代学人“使命催征”的精神风貌，使我们能一代接一代地不负韶华、砥砺前进！

许焕斌

2021 年 3 月 12 日

◆目　录◆

第1章　我国防雹实践的历史沿革

在古代的中国和欧洲等地皆使用炮轰击雹云进行防雹(见图1.1,图1.2)。到近代,炮随科技的进步在更新着,防雹手段仍然有爆炸方式。

1.1　古代防雹活动

我国是一个雹灾严重的国家,古文献中屡有降雹及人工防雹的记载。如“云色恶,必有雹”“天上泛红云,必定有冰雹”。

春秋时代(公元前700—400年间)的《左传》有记载:鲁昭公四年……雹之为灾,谁能御之?

明太祖洪武年间(1368—1398年),河北磁县南来村已开始记载使用土炮轰击雹云,以防冰雹(图1.1)。

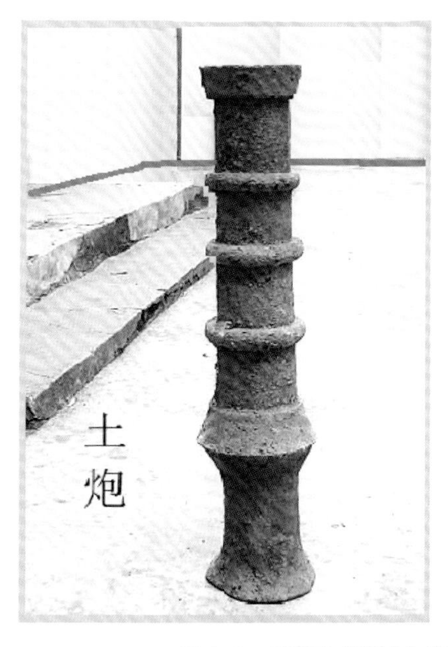

图1.1　民间防雹用“土炮”防雹情景图(苏正军博士 供稿)

德国气象科学家(H. T. Horwitz(霍维兹))曾考证16世纪中叶(明末)中国的僧侣、喇嘛在明末清初会在甘肃境内以炮火轰击积雨云,以求消雹。

清康熙(1695 年)年间，刘献廷在《广阳杂记》中曾记曰：“子腾言，平凉一带，夏五、六月间常有暴风起，黄云自山来，风亦黄色，必有冰雹。大着如拳，小者如粟……以枪炮向之施放，即散去……”

“雹之来，云气杂黄绿，其声訇訇，有风引之，以枪炮向空施放，其势稍杀，多在申酉时(午后 15—19 时)而不久。近年亦渐少矣……”(清咸丰《冕宁县志》)。

《武进阳湖合志》(清光绪十二年，1886 年)记载江苏武进的举人许宏声，曾于雍正年间在甘肃固原使用鸟枪向雹云发射，以消灭冰雹之事，等等。

欧洲几乎与我国同时期，也在用一种炮来防雹，不是加装黑火药，而是加注乙炔，因而称为“乙炔”炮，见图 1.2。

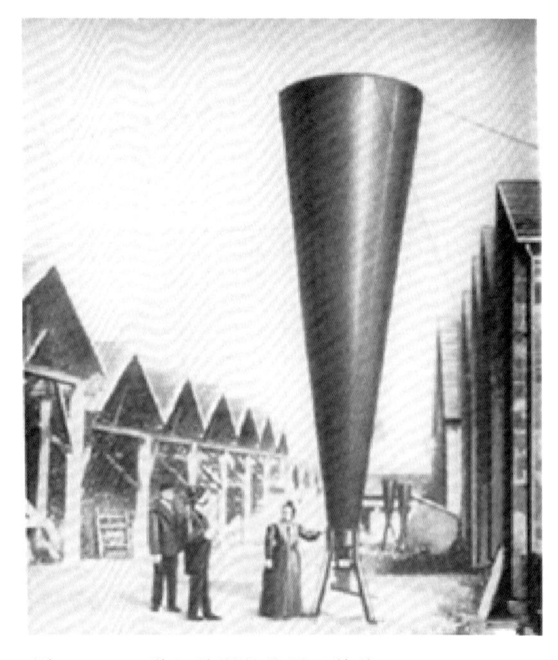

图 1.2　19 世纪欧洲的防雹乙炔炮(Morgan，1973)

1.2　近代的防雹实践

到 20 世纪 60 年代，民间的防雹仍在用“土炮”，只是原有的土炮换之为无缝钢管制成的新型“钢管炮”，装填的仍是黑色火药。

我国专业人员参与的防雹活动仍是用爆炸方式。起初是用空炸炮(图 1.3a)、钢管炮(图 1.4)或炸药包；1973 年后开始用三七高炮(图 1.3b)、专业小火箭或人工引雷等方式来进行防雹或人工降雨。随着世界气象组织(WMO)专家组提出了五类防雹假设(图 1.5)后，考虑到其中“利益竞争”防雹假设的实施可行性较大，Foote

(1979)给出了依据播撒碘化银成冰核来进行"竞争"的假设(图 1.6)。鉴于在这个假设中需要添加人工冰核,我国就在高炮炮弹和火箭中加装了碘化银制剂来提供成冰核。随着科技的进步,新的防雹装备也在不断出现(图 1.7—图 1.10)。

(a)

(b)

图 1.3 钢管空炸礼花炮(a)和单管三七高炮(b)(李圆圆 供稿)

图 1.4 1960 年赵九章(左三)、巢纪平(左一)和沈力(右一)等在八达岭使用钢管土炮进行"炮响雨落"试验(沈志来 供稿)

2000年后，中国华云气象科技集团（简称“华云公司”）又仿照欧洲的乙炔炮制造了“燃气炮”，也加装了含碘化银的制剂（图1.10）。

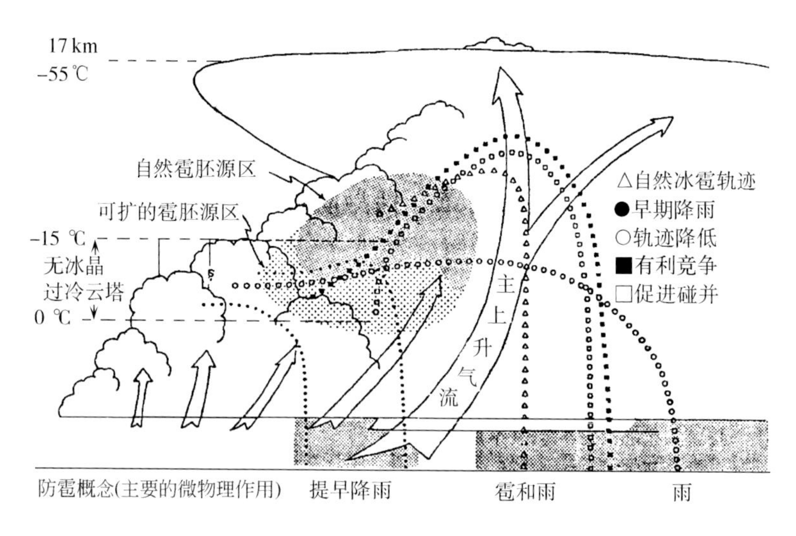

图1.5 世界气象组织专家组列出的五类防雹假设（WMO，1995）

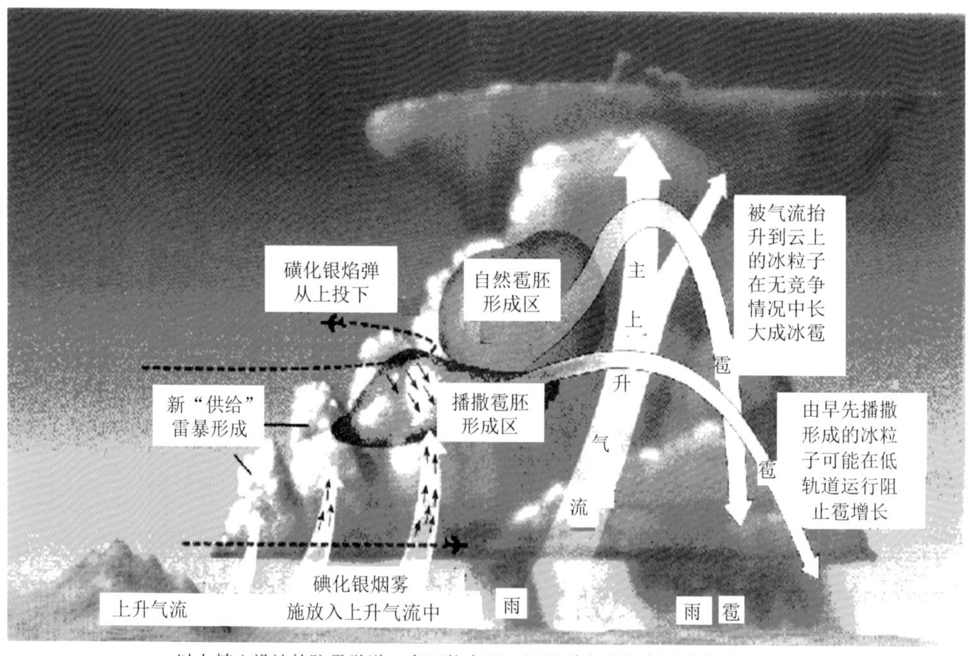

以上精心设计的防雹学说，有可能实现，但几乎完全没有经过试验

图1.6 冰核播撒实施“利益竞争”的防雹假说概念图（Foote，1979）

图 1.7　双管 37 高炮

图 1.8　离架飞行的火箭

(a)

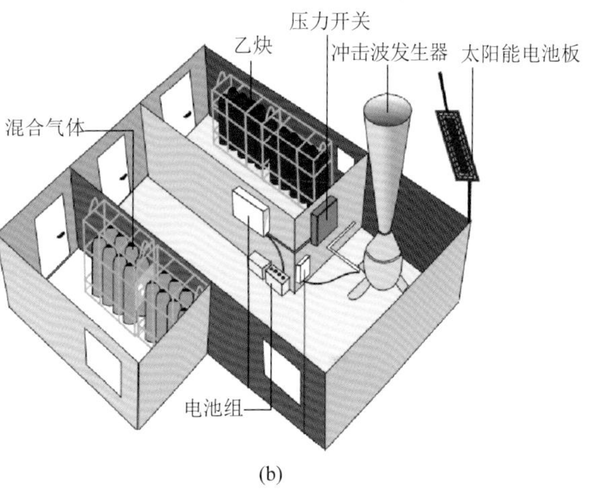

(b)

图 1.9　近代欧洲乙炔炮(a),乙炔炮下部集装箱内设备布局图(b)
(引自:冰雹调控系统(hail control system,Ino-Power,Belgium)说明书)

图 1.10　中国华云公司研制的燃气炮

最近,中兵厚力德公司开发了一种可变发射仰角的椎管型燃气炮,可作为对低层大气环境进行人工干预试验的一种工具,见图 1.11。

图 1.11　椎管型可变发射仰角的燃气炮

1.3　对 WMO 专家组相关评述的回应

WMO 评述摘录:

2001 年 WMO 执行理事会《关于人工影响天气现状的声明》中认为,“近几年来再度出现使用加农炮产生强大噪声的防雹活动。目前既没有科学依据也没有可信的假设来支持此类活动”(以下简称“评述”)。

对“评述”再评述:

关键词是:噪声、再度、没有科学依据也没有可信的假设。

著者认为,这段文字就是针对中国来的,意思是我们在用“噪声”防雹,由于过去欧洲人也在用“噪声”,所以这里强调了“再度”。

如果这些专家面对“加农炮防雹”问题时,因涉及跨学科的知识而他们又不掌握这些知识而怀疑,这是可以理解的;要求给出“科学依据和可信的假设”也是合理的。不懂并不是错,但不懂又不学,就硬说用加农炮来防雹是“噪声”就属“乱说”了!难道欧洲人用来防雹的“乙炔炮”产生的不是强大噪声?

难道我国的防雹活动用的真是“噪声”吗?“噪声”应是没有一点科学信息的声音啊!

为什么他们这么说呢？一是参会的专家们不了解中国防雹实际；二是他们不知道中国的防雹实践举措及相应研究进展。

外国防雹活动的“科学依据和可信的假设”就可靠和可信吗？对其中的空谈、漏洞、缺陷在充实、在修补、在完善的最积极的是中国。

近 20 年来正是中国在深入探求着一套世人尚不知晓的、蕴含新道理的、效果比其他方案更明确些的举措，并以严格的科学态度、缜密的逻辑布局，提炼出其中包含着的科学机理及技术要领，只不过这些文章主要是先写在中国大地上罢了。

好在中国的基层防雹实践者有自信，求实避虚。还是农民大众说的好：难道“听啦啦蛄子叫就不种庄稼啦？”（“啦啦蛄子”是一种生活在农田里的虫，专吃植物根部，学名：蝼蛄）

1.4　小结

总之，以往和现在的防雹用上了爆炸，但爆炸为何可防雹还是不明白的。

在上述五类防雹假设中的“利益竞争”假说，被认为是有些物理基础的，因为“冰晶效应”对促进降水过程发展起着明显作用，在道理上可以认可；但这个假说是单从降水微物理角度提出来的，对宏微观场间相互激烈作用着的雹云防雹是否合适？这皆需要通过试验来验证。可是对某些专业人员来说，播撒冰核的效应听得懂、有道理，也容易在作业中实现，“顺势“就在炮弹里加入了可产生人工冰核的碘化银。

可谓“从善如流”“与时俱进”。

这是可以理解的，连不知道爆炸为何能防雹的道理的炮都在用，何况加点有些道理的人工冰核呢！加了碘化银，就能说出点道理，总比说不出道理强吧！

这样的态势一直仍在维持着，为什么呢？

一个根本的因素是，基层防雹活动得到了农民及地方政府认可，他们一直坚持自己有效的防雹举措。因此，他们的防雹实践活动是不被 WMO、学术界或主管者认可与否所能左右的，因而具有顽强的生命力。

根本的规律是：需求带动业务，任务推进学科。

第2章 我国防雹实践的效果和取效机理

直接地、严格地来验证防雹或增雨的效果确实太难,这是因为从作业后有效应到显现出效果是个过程链,现有的观测系统捕捉不到相关信息。如果连雹云云体的现况都不掌握,何谈演变的过程及过程链?这也是效果检验进展艰难的关键因素。尤其是探求效果的人们若不去操心观测,仅用现成的资料;而做观测的人们测到什么就提供什么,甚至连自己都不去使用,这使得效果检验这个难题不能说不做,但做起来又难觅下手之处!何况,评定效果的科学技术门槛比判定效应的门槛要高,效果往往是效应链的末端表现,有一个追索的过程;有效应不一定有效果,而且有效果也不一定有效益。

好在人们并不总是在有严格科学结论的前提下才能有所行动,常常可以从实践的总体表现来定性地估量行动的大体效果。而且,这可能是原创性行动初始期的独特之处。

2.1 如何估价我国近代防雹实践的效果

关于防雹效果,老百姓有个可立竿见影的判据:作业后下没下雹?灾情比周围是轻了或是重了?这个判据看似简单,但很过硬。

(1)防雹点的雹灾显著减轻

防雹点的设立皆是在"雹窝"重灾区,几十年来成为轻灾区,保护区内雹灾显著减轻了。

(2)"空防雹"与"漏防雹"

一些科学家虽然怀疑防雹效果的可靠性,但尚未拿出肯定或否定的证据;而亲自参加了基层防雹作业的专业人士虽然也说不太清楚,但从一些直观体验中认为总体效果是肯定的。

当然有一些质疑。例如,局地年降雹次数远小于作业次数,因此防雹作业的对象可以是非雹云,不防也不会下雹。这样的怀疑指的是防雹门槛过低,造成"空防雹"但不是"漏防雹",只要不漏防,就防雹来说还是有效的。而在实际作业中有一套举措,是雹云防雹、无雹则增雨,是见机行事,这就减少了"或空或漏"的情况。

(3)几十年基层防雹是有效的

如果想确定几十年的基层防雹是有效的,就应去了解基层的具体实践。

2.2　到底是爆炸效应还是播撒效应

(1)八达岭“炮响雨落”及国外的“炮击对流云”试验

我国专业人员是怀着“知识分子向群众学习”的心态到实地观察土炮轰击对流云后的反应。一些实地观察的科学家敏感地看出了其中的一些端倪，想去挖掘其中的科学道理。为此，设计了一些专门试验，想从民间传统作法中探求现代科学内涵。中国科学院地球物理研究所二室于1960年组成了以巢纪平为首的科研组，在北京八达岭使用无缝钢管制成的类似土炮进行了地面降雨的试验。对一块将会下雨的浓积云进行炮击，观测到炮击后1～2 min就降了阵雨，雨停后再炮击，又降了一阵雨，先后三次“炮响雨落，炮止雨停”(参见图1.4)。

苏联科学院应用地球物理研究所的Вулъфсon(1972)曾用大口径炮进行了炮击浓积云的野外实验。他们用100 mm口径的防雹炮轰击一块云底高2000 m、云顶高8200 m的浓积云。每隔1～2 min发射一枚炮弹，在云内6000 m高度爆炸，共发射4枚，停止射击后7 min，云顶下降了1000 m，云顶部花椰菜状的结构消失了，雷达回波强度降低了14 dB；再过3 min后云开始崩溃。

鉴于苏联采用“利益竞争”过量撒播理论，在作业中取得较好的防雹效果。美国就仿照过量撒播理论，在1972—1976年进行了国家冰雹研究试验(NHRE)，得到的结果则是雹情只减少了7%，而且显著度偏小。苏联学者认为，NHRE并未完全按苏联的方案来施行，理由的其中之一是：美国使用的是飞机投放的碘化银(AgI)焰弹，没有用能爆炸的炮弹或高速飞行的火箭。

曾使用爆炸方式来防雹的国家还有意大利、奥地利、肯尼亚等国。意大利北部的一些农民曾把带炸药的小火箭发射到雹云中爆炸。意大利农民认为用此法可使雹块变“软”，从而形不成雹灾。

(2)关于爆炸对云体作用的探索

虽然看到了一些爆炸对云体的作用明显，但这只是零星的现象。许多人对此现象本身的可靠性及其中机理还是有怀疑的。要解疑就得探求其中的道理，为此，多方开始了试探。

1)Вулъфсon(1972)在解释炮击浓积云顶导致云体消散的原因时认为，在大气处于湿不稳定层结条件下，如有一个向下的气流扰动可以发展成一支下沉气流导致云体消散。

但其中一个关键条件是“如有一个向下的气流扰动”。如何来产生一个下沉扰动呢？爆炸能行吗？

2)中国科学院大气物理研究所的黄美元和王昂生(1980)对此疑问作过评述。他们认为，苏联依据过量撒播的雹胚间的竞争理论取得了80%的防雹效果，而美国的NHRE效果则不明显，除两地的雹云结构有差别外，还有两点值得注意：

①苏联在分析撒播 AgI 有效果的实际防雹作业个例中认为,AgI 的用量明显小于理论要求的估算值,起作用的时间也远短于估算的必要时间值;

②美国的 NHRE,虽然是仿照过量撒播理论来做的,但在作业中使用的工具不是伴有爆炸的火箭而是飞机投放的焰弹。

鉴于外场实例研究的复杂性,中国科学院大气物理研究所徐华英小组做了爆炸影响燃烧艾条烟炷的实验(黄美元 等,1980);新疆维吾尔自治区气象研究所模拟土炮影响风洞内葵花籽降落实验等。其效果虽直观明确,但由于在当时实验条件的限制下,未能满足与自然和爆炸之间的相似性要求,只能有所启示,不具备普适性,不宜据此进行推论。例如,冲击波的宽度与作用目标特征尺度的比值,这个比值代表着冲击波覆盖作用目标的状况,即冲击波对目标的作用是整体性的,还是局部性的。在试验中气流的特征宽度为 H,冲击波的特征宽度 $D=\tau V$,τ 和 V 是冲击波的特征时间宽度和特征传播速度,当 D/H 大于 1 时,冲击波的作用是整体性的,当 D/H 小于 1 时,作用是局部性的。可是 H 的变化可以很大,从厘米到千米,相差 5 个量级,但 D 的变化很小,而且随着装药越多、冲击波越强、波前越尖锐,D 值反而越小,造成 H/D 比值更不匹配,演化中很不稳定。其相似性无法保证。据此可见,像这类高速空气动力学与低速空气动力学相互作用试验中的时、空、(流)态相似性要求,似乎是很难做到的。

关于高速空气动力学与低速空气动力学如何相互作用的研究情况,请详见第 5 章。

3)夏彭年的经历及回忆(夏彭年,2018)

① 1972 年 1 月,顾震潮老师在内蒙古自治区气象研究所听到多伦气象站的孟志春说:对层云打炮后观察到,云中有气团连续不断地向上翻滚,在山沟底部用爆炸影响沟中的雾时也出现了类似的雾顶起伏现象。顾先生当场建议重复此项试验。于是,夏彭年与孟志春等于 1973 年 10—11 月在二道沟林场继续试验。他们在对 2 次晨雾进行贴地爆炸后,均出现雾顶隆起现象(此试验结果已成功地完成了数值模拟再现(许焕斌,2001))。之后,他们又连续 5 年在深秋重复试验,证实爆炸对雾的动力扰动明显,还可以触发过冷水滴冻结。

② 试验表明,1973 年重庆“152 厂”生产的三七炮弹的成核率不能满足防雹过量播撒的要求,既然如此,只能推论:这种高炮防雹效果与土炮一样是爆炸效应。

为了证实这个推论,在一次专业会上有人提出,找一片足够大的区域,试验对比装 0 g AgI 与 4 g AgI 的防雹效果。当与会的多数内蒙古各地盟市防雹办公室主任尚在犹豫的时候,乌兰察布盟防雹办公室主任朱少英表示愿意承担这个试验项目。于是从 1980 年开始,内蒙古自治区专门预订 0 g AgI 炮弹 3000 发专供乌兰察布盟磨子山区防雹使用。至 1992 年,经过 12 年试验对比,可以肯定地说带不带 AgI,防雹效果无差别。

4)科技部社会公益研究项目的结题报告

项目名称:爆炸对强对流云人工影响的试验研究(2001—2004 年)。

项目编号:2000DIB50179。

项目单位:中国气象局成都高原气象研究所。

项目负责人:周和生。

项目主要结果:

① 通过 3 年的外场试验获得了大量爆炸对强对流云人工影响的试验资料,使用了 1702 发不含碘化银的定时爆炸炮弹进行了人工增雨、防雹试验,没有发现含与不含有碘化银的增雨、防雹弹有什么差异;

② 试验期间获得的大量多普勒雷达资料,无论炮弹是否带有碘化银,炮弹在云回波区爆炸后,可以看到强回波区的面积减小、回波分裂甚至消失等现象;

② 当 CAPPI(等高平面位置显示器)强回波面积小于或等于 100 km^2,二次观测时间间隔小于或等于 15 min 时,同一块强回波爆炸影响后下层回波强度 Z(下同)值和与上层 Z 值和之比,大于爆炸影响前下、上层 Z 值和之比,表明炮弹爆炸后云下层降水粒子浓度比爆炸前增加了。

5)云南省气象局人工影响天气中心的结题报告

项目名称:气象关键技术集成与应用项目——高炮与火箭防雹作业效果对比分析及应用。

项目编号:CMAGJ2015M56。

项目单位:云南省气象局人工影响天气中心。

技术报告起草人:刘春文(2016 年 10 月 27 日)。

摘录:

① 综合云体回波的最大反射率、回波顶高、强回波顶高和 35 dBz 回波顶高的变化看,作业后 5～15 min,从最大反射率、强回波顶高和 35 dBz 回波顶高来看,50%以上的云体呈现减弱,说明作业为正效果。作业后 10～15 min,回波顶高、强回波顶减弱比例明显增大,最强反射率、35 dBz 回波顶高的减弱比例也有增加,说明作业后 10～15 min 的效果要好。

另一方面,从减弱部分云体的作业时刻回波的最强反射率、回波顶高、强回波顶高和 35 dBz 回波顶高来看,其平均值都大于维持、增强部分的云体,可以认为,防雹作业对强对流云体的抵制效果要好。

② 高炮与火箭防雹作业效果对比分析

根据云南 2015—2016 年高炮与火箭作业效果对比分析统计,就所获得的样本进行统计,作业后 5 min,从回波最强反射率和强回波顶高的变化来看,火箭作业的抑制效果要好于高炮;从回波顶高和 35 dBz 回波顶高来看,则是高炮的效果好于火箭。作业后 10 min,从回波最强反射率和 35 dBz 回波顶高的变化来看,火箭的效果好于高炮,回波顶高与强回波顶高方面,则是高炮效果好于火箭;作业后 15 min,回波最强反射率、回波顶高和 35 dBz 回波顶高的变化方面,高炮与火箭的抑制效果大致相同,但在强回波顶高的变化方面,高炮的效果(60%)则要明显好于火箭(43%)。

虽然在试验方案设计中采用了随机选择催化方案，但在实际作业过程中，作业指挥人员会结合以前的作业指挥经验，选择高炮/火箭对云进行催化。同时，他们也会考虑作业云体的远近，从而选择再催化装备。从作业时刻的最强反射率、回波顶高、强回波顶高和 35 dBz 回波顶高的平均值来看，高炮作业催化的云体要强于火箭催化的云体。

综合来看，高炮与火箭作业对强对流都有抑制效果，但对于相对强的强对流云体，高炮作业效果要好于火箭的作业效果。

2.3 小结

综上所述，爆炸效应对防雹的效果是占主导作用的。但即使以上所述的工作是可靠的，还是显得笼统、隐约、不直接、不具体，哲学味偏重、科技味欠浓，尚不足以去解除疑虑或摆脱彷徨。

不怕今日有困惑，就怕总是不明白。好在我国群众防雹实践已有 50 余年的历程。实践应该是一种掌握事物发展规律的尝试，何不去考察一番基层防雹实践的真情实况，应该能开阔眼界，或许会得到些能令人“开窍”的灵感呢！

第3章　我国防雹实践的特色

既然我国的基层防雹效果被群众和地方政府所认可，且具有自己的特色，那么，相关的科研人员就应深入基层，向那些在一线从事防雹工作的炮长们学习、当面请教。

3.1　为何要向基层防雹炮长们请教学习

按人影作业指挥体系，炮长（人工影响天气地面作业的领头人）是指令执行者，是应受到监控或检查的。

但是，指挥者看到的是云体的内部雷达回波产品，炮长看到的是云体的外观表现，各自以此判断云是雹云或非雹云来实施作业。云体的内部和外貌虽然都是云体结构和演变的反映，但其信息的内涵和表现的形式皆有明显差别。应当把两者融合成一体，这就得先做到：不仅要把指挥中心的产品下传到作业点，而且还得在作业点安排云况影视观测并实时上传，可这在实践中却是做不到的；即使下传到位，还有理解能力和消化时间的限制，也用不上；如何理解应用上传的云体实况对指挥员来说也不是易事，很难做到直接指挥、准确到位。在这种态势下，指挥者和实施者的判断可以有相当大的不同，实际作业的有效性主要是实施者的判断和操作的反映。为此，必须要向防雹一线的炮长们学习。

炮长看到的是云体（图3.1、图3.2）。

图3.1　目视的冰雹云举例

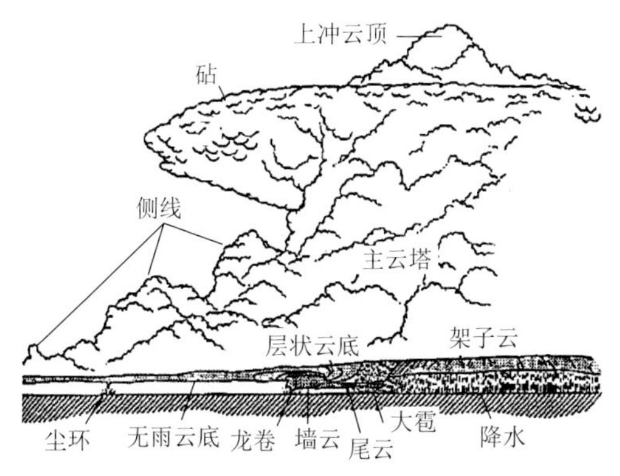

图3.2　经加注说明的冰雹云素描图

指挥者看到的是雷达观测产品或分析图(图 3.3、图 3.4)。

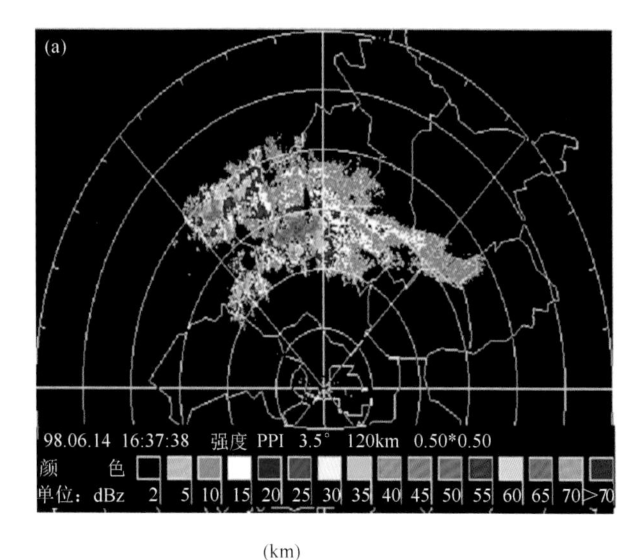

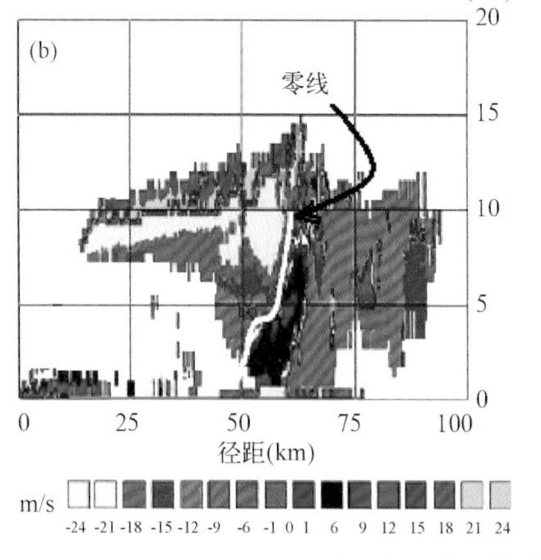

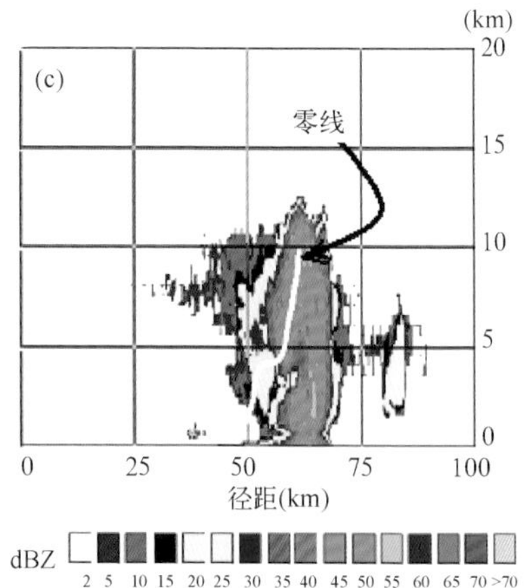

图 3.3 雹云的雷达观测产品(北京)

(a)PPI(单位:dBz),RHI(b)径向风,(c)回波

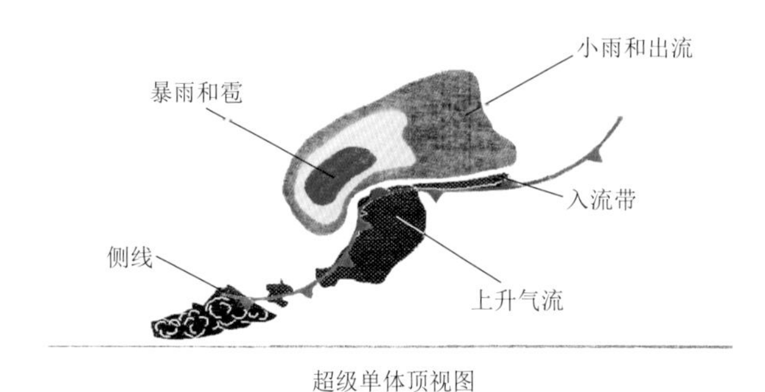

图 3.4 雹云雷达观测产品的分析图

由于指挥者和作业者看到的雹云表象不同,炮长在接到作业指令后,如何进行作业主要是靠实地对云体的观察来实施的。炮长常常是依据云体实况先向指挥者申请当地作业空域许可,一旦申请到短暂的空域时间(短的几十秒,长的1分多钟),就得抓紧把炮弹或火箭发射到炮长判定的部位上去。即使雷达回波产品能够及时传到炮点,也没有时间去琢磨指挥员给出的那些指标或数据,更难以按照看不到实况的指挥者所发出的作业指令参数来执行。

在这样一种情况下,作业能获得明显效果,应当是炮长的做法起到了关键作用。指挥系统可能仅起着预警和审批空域的服务性作用。

3.2　对老炮长们的访谈录

所访问的老炮长们,皆是从事多年防雹取得明显效果的"村中智者""民间高人"。学习目的就是诚心请教,不是去取证,更不做暗示,是老者间的直述、直问、直答(图3.5)。问与答是双向往返式的,一问一答后再相互复述,直到彼此确认:说者说清楚了,听者听明白了。虽然用词用语有不同,言谈风格也有差异,但的确真正达成了共识同感的领悟境界,"豁然开朗"了。以下是对七个炮点的炮长们的访谈录。

图3.5　笔者(后排中)与曲靖市麒麟区炮点炮长们座谈

(1)采访时间:2017 年 4 月 18 日下午。

地点:河北省衡水市深州市葛村(该炮点设在雹云移动路线)。

被采访者:炮长耿丙渣(简称"耿",自 2006 年从事防雹作业,已 10 年有余)。

参加采访者:毛节泰、雷恒池、陈宝君、许焕斌等。

问:请介绍一个最精彩的防雹个例。

耿:在炮点北边 20 km 处下了冰雹(有照片),桃子受灾。

雹云来了,打了 80 多发炮弹以后,就下了雨、霰和软雹。

我们这儿防雹没有失败过,一年防雹作业 3～4 次。

问:能把云打出洞吗?

答:能,炮把云能打出洞,见蓝天。

另一潘炮长说:炮防雹好;火箭增雨好。

李霞(衡水市人工影响天气办公室(简称"人影办")主任):这儿炮点的保护范围半径约 9 km。

(2)采访时间:2017 年 5 月 3 日上午。

地点:北京市香山防雹点(基地)。

被采访者:于永刚炮长。

于炮长说:我们是按指挥员的指令打炮。这个防雹作业点已经自动化了。由于香山地区安全射角范围甚小,选定方位角就基本不变了。我们一次打炮几十发。空域时间只给 30 s,能打出去就不错了,没时间改变方案。

防雹效果:炮点周围的梨园得到了保护,是防雹受益地。

于炮长说:为防止冰雹"越打越下"的"卸雹"情况出现,我们规定:当炮点见云中降雹时,要立即停止作业。因为炮点见雹,说明雹云的"零线—穴道"的出口区移到了天顶附近,打垮或"打漏"这个部位会使已携带着的冰雹失托而急泻,出现人工"卸雹"。

(3)采访时间 2016 年 9 月 6 日。

地点:北京市延庆张山营防雹点。

被采访者:卢兴宝炮长。

卢兴宝炮长说:炮点就在海坨山的背风坡。这里是全村的果树林,作业点的任务就是保护这片林子。

雹云体一翻过山,我们就能看出是不是雹云,若是,空域允许,就得快速作业。第一轮打炮 20 发,打三轮,有 60 发炮弹就可以把雹云打成非雹云。

现在防雹作业实现了自动化,申请的空域时间缩短了(1 min),一次能把装填的 58 发炮弹打入云中。

(4)采访时间:2017 年 7 月 18 日下午。

地点:云南省曲靖市麒麟区炮点。

被采访者:曲靖市人影办主任徐华明。

徐华明说：

防雹是高炮好，增雨是火箭好。

雹云离炮点远些时，用火箭（射程远，播撒防雹起作用的时间较长，移动距离就较大，远点开始作业，效果可以出现在作业点附近）；雹云临近时，用高炮。两者皆有效果，远近搭配，效果更好！

能按作业程序施行的，防雹效果可达80%。

特强雹云，防雹难以完全防住，效果差些。可见到冰雹碎片、软雹降落，会减轻灾害。

2006年，在陆良的一次强冰雹过程中，4个炮点打出炮弹近2000发，烟叶上仍有被冰雹砸的洞。

(5)采访时间：2017年7月18日。

采访地点：云南省曲靖市麒麟区炮点。

被采访者：炮长：刘见贵；炮长助理：李勇勇。

问：能用炮弹把云打出洞来吗？

答：能，有时7～8发，5 min云就出现洞；

有时打70～80发，十几分钟内可见云中出现洞。

冰雹云一般伴有闷雷声、大风风向不定、云状翻滚。

作业部位：云的强中心（云厚、色黑）、闪电中心；

因空域时间短，一次性要把云打散。一个炮点一次可发射量也就是几十、上百发。

若作业时高炮打得好，作业后风小、云散，雨小了，雹没有了。

防雹效果比80%要好。

冰雹越打越下的情况只占1%，没有出现灾害加重的情况。保护区比防区外的灾害轻。

最大冰雹如蚕豆大，没有见过更大的。

防对流大风，用火箭好。火箭弹飞行路径需顺穿云体。

(6)采访时间：2017年7月19日上午。

采访地点：云南省曲靖市马龙炮点。

被采访者：炮长秦本昌（旧县）、杨波（纳章）、倪学成（鸡头村）。

杨波：对于强雹云，打炮弹90多发，作业后云就散了。正常作业效果好。

对于云发黄、云底不平的雹云，打4轮炮，大体是20发一轮；如果防雹效果不明显，再打，共打炮90发，每轮间隔2～3 min。

作业后，降雨，云消，历时10多分钟。

有一次，本站已见落雹，1～2 min后打炮，下了密密麻麻一层冰雹。

秦本昌：作业后，见软雹，雨点大。

没有空域限制，弹量不限，效果好。

作业部位：打云腰、闪电处。

分 4 组打，每组 20 发炮弹，共计 80 发。

作业后云如果继续发展，就再打。

防雹效果：防区外下冰雹，防区内只下一点儿。

保护区半径 3 km。

对于新生云，不打；消散云不打；只打快发展的云。

倪学成：作业既防雹又增雨。火箭弹发射后常常“发飘”。防雹炮好。

曲靖防雹实践曾描述过炮击雹云中云体—雨情的变化，摘录如下：

曲靖白塔炮点的老炮长李国栋对一次高炮防雹中云体变化的描述。2005 年 7 月的防雹是最成功的一次，一共打了 147 发炮弹。开始炮弹打入铅黑的云层爆炸时，只是周围的云变得白些，但瞬间就被黑云吞没了，再打一发，也是周围变白一点，又马上被黑云吞掉，再打，再吞掉，再打......就这样不停地打发炮，黑云渐渐缩小、消散，大雨瓢泼而下，没有降冰雹。但在 2003 年的一次防雹作业中，开始发了几炮，但中途因空域限制不准打炮便停了下来，防区内降了冰雹，一些作物受灾。

宣威得德炮点的丁章东炮长介绍：李班长说的云层爆炸出云层周围白点的问题我 2008 年也碰过，后来几次也这样我也就见怪不怪了，那是炮弹在云层中爆炸后的亮点，炮弹打的越多，爆炸亮点就越多，就像灯一样，一亮一亮的，炮弹放的越多云层气流就收缩得越小，云层气流收缩的大雨水越大，这样云层中的气流就减弱了，最后云层就撤了嘛。云层气流收缩就像放轮胎气一样，捅一下气口气就少一点；云层就像轮胎一样，进气越多就越饱满，发生爆炸，凝积的冰粒或雨滴就会一泄而下，云层里面的东西没有了就会变白，最后消散了。

打多少发炮弹要根据云层的强弱变化，云层太强的话用弹量就会多，作业时间不定，主要是有空域限制。

读后注：黑云应是强对流云主上升气流的底部，因上升气流强水汽饱和度加大，水凝物粒径小数浓度大，导致云体具有更强消光效应的表现；经过多次炮击后的云体变白，可以是爆炸效应抑制了主上升气流垂直速度使其变弱的反映；黑云逐渐减小、消散，大雨瓢泼而下。由于批准作业的空域时间很短，作业时间仅为几分钟，发弹量百发左右。

(7)采访时间：2018 年 6 月 9 日。

采访地点：宁夏回族自治区固原市隆德城关炮点。

被采访者：炮长杜社会、泾源禹。

杜社会说：我从事防雹作业有近 20 年了，如果远处的对流云移到射程内近排云的位置，打炮 10～20 发，就可把云打散(见图 3.6)。

泾源禹说：我从事防雹作业 17～18 年了。对冰雹云，打 50～80 发炮弹可把云打散；对非雹云，打 20～50 发就可把云打散。

图3.6　笔者(左)与宁夏固原隆德城关炮长杜社会(右)合影

3.3　基层防雹行家访谈录

(1)采访时间:2014年5月2日。

地点:北京市平谷区气象局。

被采访者:北京市平谷区气象局王福然局长。

王福然:在及时高炮作业条件下(空域申请顺利),炮点6 km内防雹效果好。

高炮防雹作业后,降软雹,落地像一摊摔烂的柿子。

有一次为宣传,请电视台来拍摄。火箭(对流云)作业后5 min下大雨。因作业条件和时机掌握得好,效果明显。电视台记者对此很惊奇!

高炮轰击对流云后,云的中高层雷达反射率的范围会扩大(尚需细分是体积在扩大,还是强度在加强),回波顶降低。

(2)采访时间:2014年7月5日。

地点:山西省太谷县气象局白城炮点。

被采访者:郝俊平(太谷县气象局副局长,1989年起主管防雹业务)。

郝俊平:

太谷设三道防线,14个炮点,影响区域方圆3 km,白城炮点是第一线的中心炮点(指挥点)。

白城作业炮点距作业云(雹云源/形成雹云地)约2.5 km。负责5万多亩果树。

一般分三层(55°、60°、65°)炮击雹云。每一层打8～9发,共计24～25发。

作业后3～5 min下大雨点(地上斑痕大如铜钱)、软雹,成不了灾。

炮击雹云,不能打得太狠。有一次打了180发炮弹,云散了,雨也没了!既浪费了炮弹又少了雨!只能适当打,不可把云打垮!

反例：

2004年，有一次防雹作业打晚了（郝俊平开会不在现场）。随着作业持续，降雹更厉害了，边打炮边下硬雹，雹块大如杏。估计不打炮，冰雹不会下得那么大！

（3）采访时间：2014年8月13日上午。

地点：山东省博兴县气象局。

被采访者：刘德安（副局长）。

刘德安：

防雹作业位置：空（云）中闪电最密集的地方，晚上看得清，白天看得见；

时机：一般在雷雨大风过后；

一次作业用弹量：20～30发，另备60发。

个例一：2002年6月1日。

回波强度60 dBz，顶高14 km。寨郝炮点打218发；纯化炮点打计1600发。

作业后下软雹，落地的雹不反弹，落地即融化。

个例二：2005年6月11日，714炮点，吕艺镇。

雹云少动，二次作业：第一轮打199发；第二轮打240发。冰雹软化，效果好。

个例三：2006年6月16日。

雹云的雷达回波是一串强回波。经过八轮作业，用弹1120发，防雹效果好。

出现“蛙跳”现象（指降雹带是不连续的，呈现出降雹区域的跳跃，类似于蛙跳），跳距20～30 km。

（4）采访时间：2014年8月13日上午。

地点：山东省潍坊市气象局。

被采访者：王宗光（市人影办主任）。

王宗光：

云中如果已形成冰雹，怎么作业？超级单体降雹防不了！

从各地炮长和防雹行家们给出的条条经验来看，虽然地域跨度很大，作业目标（保护果树，保护烟叶等）也不尽相同，但其基本内涵是相近的，所得的效果皆是显著的，得到了所在地域群众欢迎和地方政府的财政支持。

平时所说的防雹“效果显著”，是指在作业保护区范围内雹灾显著减少。防雹作业中，实际进行的是“有雹云防雹、无雹云增雨”的作业流程。贵州防雹作业时，还有为增雨而“养育”弱对流云使之增强、为防雹去“抑制”强对流云（抑）的扬-抑相结合的两套作业方案。据说这样既可防雹又能增雨，避免空作业。

3.4 电函交流

为了考察这样防雹的做法是否具有普遍性和有效性，著者扩大请教范围，列出了9个问题，用电子邮件发给了相关专家。现把其回复综合如下。

(1)时间:2019 年 5 月 5 日。

贵州省威宁彝族回族苗族自治县(简称"威宁")气象局陈林副局长。

早在 2014 年的冬季,在中天火箭公司组织的全国人影交流会上,我聆听了许老师关于防雹的学术讲座后,就把许老师介绍的防雹理论运用到防雹工作中,并一直从事防雹作业工具、作业方法的研究,目前已经实现了把雷达观测产品、计算作业参数用光纤传输到高炮、火箭作业点;高炮、火箭可以自动跟踪雹云。在作业空域申请获批后,用 17 s 时间,把 60 发炮弹发射到强对流云中,在把炮弹送入雹云穴道的同时,碘化银催化剂也送入到了繁生冰晶区。目前正在请成都信息工程大学开发双偏振雷达,把已成熟的指挥系统移植到新雷达上,用于检验防雹的效果。

因为前几年的防雹效果检验是以老百姓的视觉感观为基础,定量的效果检验上做得并不好,所以需用较为先进的雷达来做效果检验。

威宁自 1993 年开展防雹工作,现有高炮 30 门(自动与雷达联机的有 26 门),火箭 27 具(自动与雷达联机的有 15 具)。当地冰雹出现天数每年都有 25～30 天之多,防雹压力较大。防雹主要保护的经济作物有苹果、烤烟等,政府、老百姓也比较认可。

上述炮长们的一些观点,威宁的防雹人员也有同样的感受。

比如:威宁的冰雹云也有以下的同样表现。

1)作业后雹云回波短暂增强。

在雷达指挥防雹作业过程中,作业后 3～5 min,回波强度会在原来的基础上增加 5 dBz 左右,10 min 以后回波才逐渐趋于减弱,回波体积没有明显变化。在雹云回波增强期间,防雹人员会追加用弹量,但是作业及时,并没有降雹。也就是说,"作业后回波反而增强了"是短暂增强;如果雹云回波处于增强期间,应追加用弹量继续进行人工防雹作业。

2)火箭防雹增雨过程中,发射火箭后雨点变大。

2008 年威宁刘维芳局长在外场指挥防雹作业,增雨作业时遇见过上述情况,当时有一对流云团经过作业点上空。当时用中天火箭-WR-98 作业,发射一枚后 1～2 min,雨点变大,雨强明显变大;再发射一枚,此景再现,雨强同样明显变大。这种现象最多维持 2～3 min 雨强就恢复到作业前的大小了。

3)炮击浓积云,炮击点出现空洞。

炮击浓积云时,云中弹击点出现的空洞,是在作业后雷达发现云中该处回波出现的空洞,肉眼也能观察到,雷达回波也观测到。对目标冰雹云一般要打 30～60 发炮弹,5 min 后就能观测到此类空洞。2012 年用火箭对一体积较大的强对流单体进行防雹作业,作业后 3～5 min,强对流单体的中部明显出现一片弱回波区,5 min 后一块强雷达回波分离成两块回波,当时担心会下冰雹,而实际上则是雨大、风大,没有冰雹。

4)已经下冰雹了,才开始防雹作业,越打炮降雹越多,但其中多半是软雹,也有硬雹的时候。

防雹作业时高炮仰角是根据冰雹云距离炮站的远近估算的,距离炮站越近,仰角越高。

5)火箭防雹，用箭量大(火箭弹3000元一枚)。

2012年6月17日双河作业，回波属于超强对流单体，时间18:45—20:21。第一轮发射炮弹6枚;18:45—19:17第二轮发射炮弹4枚;19:28—19:44第三轮发射炮弹9枚，19:55—20:21结束。20:04—20:06炮站雨中偶尔携带软雹，但风力较大。一次防雹过程用火箭弹19枚，虽然价钱略贵但防雹效果明显。

6)高炮、火箭自动跟踪目标。作业空域批复后，用17 s时间，60发高炮炮弹就发射到强对流云中。在把炮弹送入雹云穴道的同时，要兼顾把碘化银送入冰晶繁生区。还要考虑到将碘化银送入云中－20～－10 ℃区域;弹体爆炸要在雹云的上升气流区，并根据云体大小，采用扇面(射击宽度)高炮作业。

炮弹自身的爆炸时间不同，是在云中不相同的部位爆炸。火箭要看云的移向，迎头作业或者追着打。火箭弹是从云体的强中心穿过，其中的碘化银有一半是在下沉气流区播撒。侧向防雹作业时，应向云体的强中心偏前一点位置发射火箭。

7)威宁高炮保护范围半径是5 km，而火箭保护范围半径达到6 km。

(2)张磊(新疆阿克苏雷达一站高工)对9个问题的回复如下。

1)炮击对流云之后，云会衰弱、消散、分裂、出洞吗?答案是肯定的。

对不同回波强度的对流云，例如浓积云需要打多少发炮弹才能看到衰退现象?怎么个打法?历时几分钟?

答:对流云有单体、多单体，强弱之分，很复杂。防雹效果又与作业人员素质、作业方法和作业部位等关系很大，所以不能够以简单的用弹量数字来确定云是否能够衰退。但对弱单体雹云而言，一般用弹量约50～100发即可有效。防雹作业时注意用扇形射击，历时时间不一定。

2)作业后回波强度随时间的变化情况如何?与不进行作业的同等云体的变化有区别吗?

答:如果没有其他条件或云体合并，作业后雹云回波强度是减弱的，但有时雹云回波强度有先增强后减弱的情况。

同等大小的云体作业与否，其形体变化是有区别的。相比而言，防雹作业还是有效果的。雹云回波增强时，其强回波中心高度上升，强度增强，强中心面积扩大。

3)防雹作业后，下的软雹是否增多?

答:不一定。根据云体的具体情况，大多数下雨。

4)已经下冰雹了，才开始作业，越打炮降雹越大。“越打越下”的是硬雹还是软雹?作业仰角是多大?

答:一般是硬雹。如果作业下软雹，下一会儿软雹就停了，会变成下雨。作业仰角一般为60°。

5)观测到“炮响雨落”“箭飞雨落”吗?或雨点变大，降雨强度骤增?

答:一般作业后几分钟会下雨或雨变大变强。

6)一个作业点能保护多大范围？保护范围半径几千米？

答:是按作业火器有效(射距)来估算保护区圆面积的直径,但对其下游的保护范围不清楚。

笔者注:为什么防雹效果取决于高炮/火箭射距？因为只有高炮/火箭直接命中雹云云体才能起到保护作用,如同只有子弹打到鸟儿才能导致其坠落一样。对于柔性的云体来说,有效的防雹作业则是被击中的云体气流框架发生了垮塌的反映。

7)防雹是高炮好？还是火箭好？

答:都好,各有优势。

8)高炮炮弹、火箭弹的最佳击中云中部位是哪里？炮弹集中打还是分散打？

答:打雹云的雷闪电出现处。集中在某一区域(0 ℃域:0 ℃线及其邻域)分散打(不是定点,以求加大在 0 ℃域内的作用范围)。

9)防雹作业实施的是炮长负责制,还是听令执行？

答:二者并行(听“高人”的,指挥人和炮长谁“高”听谁的)。

3.5　会议交流

贵州的防雹实践:

文继芬(贵州省人影办高工)2020 年 9 月 10 日在宁夏固原人影经验交流会上介绍了 2020 年的 4 个防雹实例。

防雹实例 1(4 月 17 日,贵州六马):防雹作业前,16:36 雹云强回波中心达 65 dBz,高度 4.2 km ;防雹作业后,16:53 雹云回波强中心降至 60 dBz,其高度降至 4 km。

防雹作业前,雹云回波强中心再度加强,17:16 强度达 65 dBz,其高度接近 6 km;防雹作业后,17:33 回波强度变化不大,其高度有所下降。

防雹实例 2(5 月 4 日,贵州羊桥):防雹作业前, 16:43 雹云雷达回波强度达 70 dBz,其中心高度 7 km ;防雹作业后,16:49 雹云雷达回波强度降低了 15 dBz,其高度下降 1 km; 45 dBz 强中心高度下降 2 km。

防雹实例 3(5 月 13 日,贵州息烽):防雹作业前,17:28 雹云回波强中心达 65 dBz,高度 5 km;防雹作业后,18:01 雹云分裂,受作业影响,回波强中心明显下降。未作业范围内的强回波中心高度维持在 5 km 左右。

防雹实例 4(5 月 19 日,贵阳):防雹作业前,17:40 雹云回波强度 65 dBz,高度 6 km;发射炮弹 883 发,火箭弹 4 枚;防雹作业后,雹云回波强中心下降 5 dBz,其高度下降 1.5 km。

2020 年 3 月 23 日,“FAST-天眼”(图 3.7)外围降雹联防作业(离 FAST 天线最近的作业点位于北侧偏东的 6.1 km 处,这个距离一般认为在保护区界外),用弹量大,有效抑制了对流云的发展,“FAST”外围无降雹,仅“FAST”本地(即作业保护区边界外)降 2 mm 软雹(按《地面气象观测规范》,这不是雹,而是霰,而且是软霰。它对 FAST 天线已无损坏力了）。

图 3.7 建立了“FAST-天眼”冰雹联防系统以降低天线镜面被雹块砸损的概率

防雹作业后雹云的共同表现是：其雷达回波中心强度下降、高度下降、云体分裂。有时间记录的防雹作业表明，雹云皆在防雹作业结束的 11 min 内云体被抑制。

文继芬在发言的结束语中强调：“我从事冰雹防御工作多年，敢理直气壮地说：单点防雹有效；对大范围的冰雹天气过程，上下游联防更有效，虽然说不清楚为什么有效，但我相信：随着探测设备的不断完善，在冰雹形成理论、防雹技术和防雹效果检验方面将会又有新的发现。”

3.6 小结

(1)防雹实践要点汇总

1)强对流云是可以被打散的；作用时间在 10 min 内。

防雹作业一轮发射炮弹 20 发，发射三轮定能把雹云打散。

2)防雹作业之后骤下阵雨是云体被抑制或消散的反映。

3)高炮作业要打云腰、打云头、打闪电中心。

4)火箭要顶着云的来向朝云中闪电中心部位发射。

5)炮击雹云后会下软雹、碎雹。

6)防雹作业既可防雹又可增雨。

7)火箭也可能防御雹云的对流大风。

8)一个防雹作业点的保护区的半径约为 3～6 km。

9)考虑到强对流云体的移速约为 50 km/h，越过 6～12 km 的时间也就是 10 min 左右；再考虑到防雹起效后，雹云中的冰雹尺度应小于可融化尺度 1 cm，扣

除它们从 6 km 下落到地面的时间,定性判断,作业起效的时间是很短的。

(2)防雹经验提炼

1)施行雹云爆炸动力扰动作业后的集中表现是:抑制了对流云体的流场强度,或扭曲了对流云的流型,这些"釜底抽薪"式的流场变化,导致云体垮塌式的一些伴随现象发生:对流云是被打散了,云体被抑制后失去成雹条件,终止了冰雹生长进程;云体的流场强度被抑制后优化了成雨条件,可增雨;动力扰动雹云后的流场弱化及流型扭曲,导致原有的被气流兜得住的冰雹粒子群下泻,出现卸雹、下软雹(来不及冻实的内含着水冰雹),等等。

2)防雹作业要穿云头、打云腰、打闪电中心。

3)作业强度不宜过猛,要依据雹云状况,边看边打,边打边看。

(3)防雹作业难点

1)作业时机问题。由于防雹作业是抑制雹云的原有流场,作业时机就是在雹云流场形成之时。对于固定的防雹作业点来说,作业时机较难掌握。但在有些防雹作业点有不宜作业的明确规定,如,雹云临顶,高炮不可高仰角作业;作业站点如果见到有雹落地,立即停止作业等。

2)超级单体雹云的防雹举措需再摸索。

3)已携冰雹的雹云的防雹作业,跨区联防布局等问题有待探讨。既然中国具有特色的防雹实践展现出强对流云对外加动力扰动的反应征兆,防雹增雨作业看来是抑制了对流云体的流场强度或流型。

后面的章节将从雹云物理学和动力扰动机理两方面来探讨其中包含的科学原理及优化技术要领,并找出克服难点的对策。

第4章　雹云云体物理学进展——成雹结构

冰雹云的云体物理与云系物理，其内涵是有区别的。雹云云体物理主要是指云体的宏微观场的结构及场间配置，决定着产生什么样的天气现象，内容涉及强对流云天气学、动力学、大气物理学3方面，看来是真正具有小尺度、γ中尺度特征的分支学科（许焕斌等，2017）；对流云系物理则主要指云单体群的组织、组合及单体间的相互作用等云系特征，具有β中兼α中尺度特征。

雹云单体以其尺度、强度、内在结构、生命期可分类为：单体和超级单体两类。所谓的多单体其实是指排列有序的一种云系（许焕斌，2012，2015，2017）。

本章着重介绍强对流云体的"零线"结构及其效应，这种结构和效应为什么具有成雹功能和快速起放电能力，并探讨大雹的循环运行增长机理。

4.1　问题的提出

强对流云可以产生降雹、阵性暴雨、对流大风（下击暴流）、雷电、龙卷……

雹云中冰雹落速能明显大于15～30 m/s，雹云中何以能兜住这些雹或雹胚粒子群运行长大？

对流云的阵性暴雨，是"倾盆大雨"，云中是怎样聚雨成"盆"？或说雨是如何"灌进盆"？又怎么倾"盆"而泻？

强对流发展中常伴随着下击暴流、龙卷、雷电。为什么同一云体会产生多性质的灾害性天气？它们之间的内在关联是怎样的？

强对流云何以有这样的"神功"？是不是这类云中有特殊结构所致？

经细察，强对流云中各场间的确会有特殊配置：水平零速度线（以下简称"零线"）结构及零线结构引发的成雹聚雨起电效应 。

零线结构是指相对于对流云体存在着水平流速等于零的零线，围绕着零线区域其入云—出云流场、主上升气流场、水凝物粒子场、温湿场间的配置布局。

零线结构效应是指在零线结构中，它如何约束水凝物粒子群的运行增长行为，从而形成了特征雷达回波场？

对流云体中为何会存在相对水平速度零线？

对流云具有对流环流。相对于对流云体的气流环流，在特征垂直剖面上，由入云垂直上升水平辐合转到出云垂直上升水平辐散，必然有个由入云水平速度转到出云水平速度的零速度拐点。对于连续空气流动来说，这样的零点位置会连成曲线或曲

线线段，即相对水平速度零线，简称为“水平速度零线”或“零线”。

相对于云体的水平速度 u 是相对于静止背景气流水平速度 U_0 与云体水平移动速度 V 之差，即 $u=U_0-V$。V 一般是以雷达观测到的回波中心的移速来替代的。通常，经过移速订正得到的相对水平运动不仅可更好地体现出对流云体流场的特征，如：入云流变强变厚，零线位置抬高及处地温度降低等。这些变化皆是有利于雹云发展及大雹形成的，因而一些强雹云常具有大的移速。

水平速度零线会倾斜穿越上升气流或直立与主上升气流平行，所以虽然在零线上的水平速度为零，但其上升速度不为零，可以有很大的值，甚至可达到云中上升气流速度的最大值，而且沿零线有甚大上升气流速度梯度。

一些强对流云流场常具有水平旋转对流环流，在水平剖面上呈水平旋转或是两端旋转中间强辐合的 S 形流场。云体中不仅有了上下的垂直运动和入云—出云的前后运动，而且又有了可左可右的水平旋转运动。这样的三维流场就为大粒子的三维循环运行增长提供了三维气流驱动框架，再配合冰雹的落速可能更有利于大雹的形成。

由于雹云是深对流云，所以其垂直结构特别重要；又由于雹云结构经常是三维非对称的，不是任何一个垂直剖面皆可反映它的成雹结构特征。

雹云的降雹区远小于雨区，降雹带的线状分布及其“蛙跳”现象，反映出成雹结构只占云体的一小部分且具有一定的走向（图 4.1）。

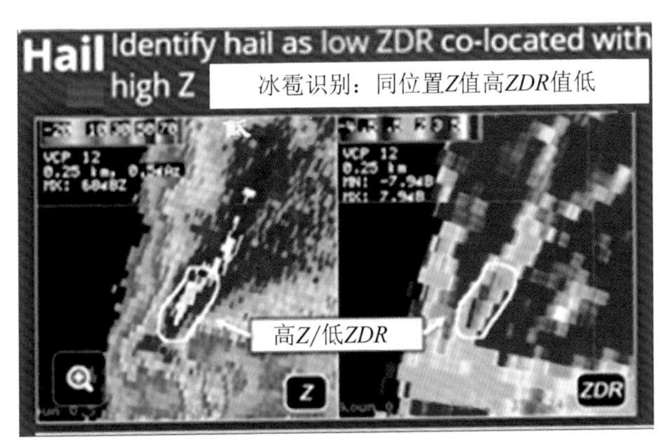

图 4.1　在偏振雷达产品中，存在着大雹的高 Z 值区及相应低 ZDR 区的狭长走向的带
该图中 Z 是雷达反射率因子，ZDR 是差分反射率因子，摘自：2019 年
日本奈良 AMS（美国气象学会）雷达气象年会交流报告中的 PPT

4.2　雹云中的零线结构

我国科研人员经过观测分析归纳和理论提炼出的 2020 版雹云零线结构概念图见图 4.2。

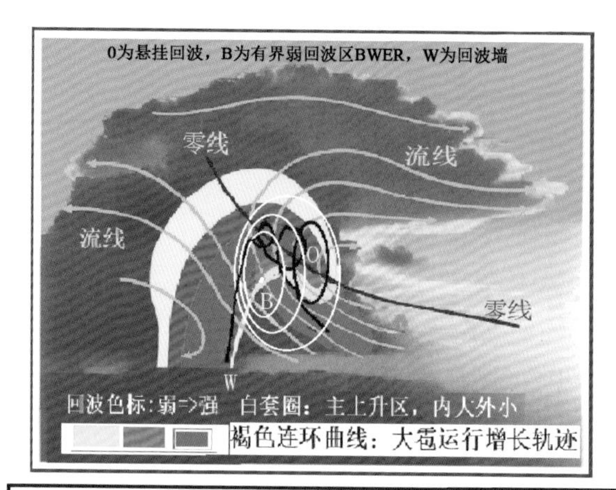

雹云零线结构与大雹的循环轨迹成因图示

图 4.2　零线结构概念示意图(许焕斌 等,2020)

图 4.2 给出了雹云零线结构中的零线邻域内的入云—出云流场、主上升气流场、水凝物粒子回波场间的配置特征;及在零线结构效应作用下,一个长成大雹的大粒子运行增长轨迹的示意图。

大粒子之所以具有循环运行增长轨迹,是由于它在运行中穿越零线时会有出云、入云气流的方向变化,在增长中有局地上升气流与粒子落速的差异。这导致了其轨迹在围绕着零线循环运行中,随着其尺度的增大、落速也在变大,能逐步进入更强的主上升气流中心去,同时其轨迹的循环范围也在向零线收缩并更贴近零线。其轨迹特征图像如图中褐色连环曲线所示。一旦它越过最大上升速度中线,它的落速就大于上升气流速度了,大雹会迅速落下。

为什么能长成大冰雹的粒子会在运行增长中逐步进入主上升气流的大值区,同时其运行范围向贴近零线的强上升气流区段收缩呢?这是由于随着粒子尺度增长落速在加大,为了兜住它,其所在处的局地上升气流也得相应变大,所以它必须向主上升气流中心"挺进",这得靠入云气流的驱动;如果在"挺进"中粒子的落速与局地上升速度变化基本一致,这一进程可以保持在入流区内进行;如果两者的变化总是落速较大,那气流就兜不住它了,轨迹维持下降会停止大雹形成的过程;如果两者的变化总是落速较小,轨迹应上升,向上跨过零线,到了出云气流区后就终止了"挺进"进程,也完成了一次进云出云的循环,同时随着在出云中局地上升流速的减小,粒子运行由上升转为下落,向下穿过零线,从出云流再移到入云流,开始了新一轮的循环运行增长;这表明循环增长过程中并不要求粒子的落速与局地上升速度变化一致,两者关系可大于也可小于,条件宽松。还可以看出,由于零线是入云气流顶和出云气流底,有进有出才能循环,沿零线运行最易于出现进出的变换;零线走向又是通向主上升气流的,围绕着零线的"挺进"理当是最优化的路径;粒子尺度越大,能兜住它的上升流速越强,上升流速越强其所在范围就越小，所以必然导致大雹运行增长轨迹在循环中收缩。

细察 Browning 等(1976)给出的 Fleming 雹暴剖面图中就隐含着零线结构，见图 4.3。笔者只在图中补加一条水平速度零线(红色的线)，零线结构及其效应就显现出来了。

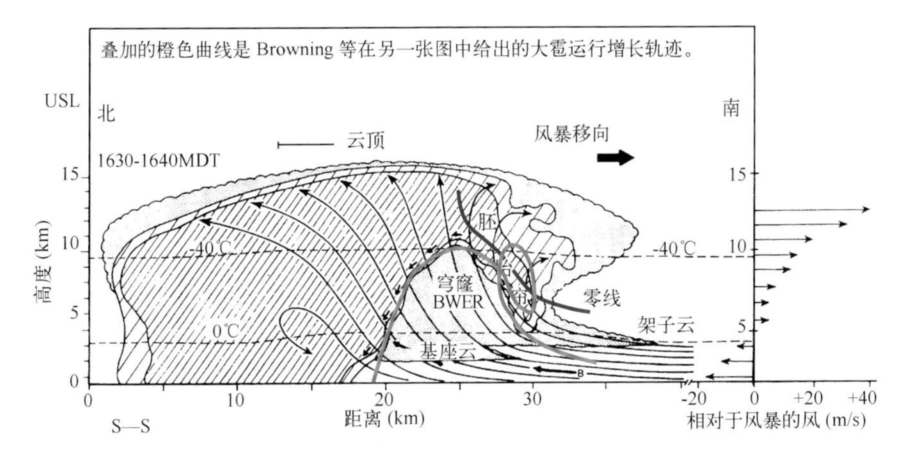

图 4.3　在美国的雹云特征剖面图(Browning et al.,1976)基础上经加工后所显示的零线结构图

值得关注的是：在主入流剖面上零线与悬挂回波中轴线是相叠合的。零线是速度向量场的分布特征，而悬挂回波是雷达反射率因子标量场分布特征，两类场特征的叠合蕴含着怎样的物理机理呢？

图 4.4 给出的是邢台一个实例雹云的零线结构图。它与概念模型图 4.2 比较，其基本特征虽是一致的，而在表现形式上有差异、更丰富、更多样，例如有 3 层零线，而且零线的走向是直立与倾斜的组合。两者的一致性表示概念模型是有参照价值的，其差异则表明不能完全靠概念模型来替代观测获得的实例雹云结构。

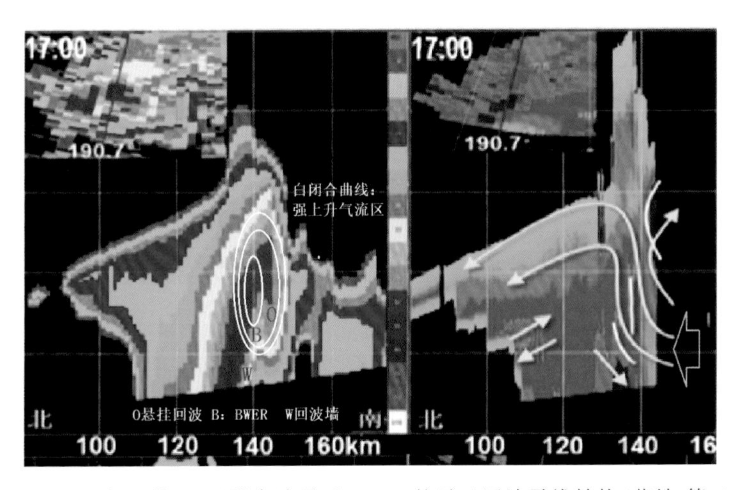

图 4.4　2018 年 5 月 12 日邢台冰雹云 17:00 的雹云回波零线结构(范皓 等,2019)

在零线结构中因零线结构具有兜雹效应，导致冰雹可循环运行增长成大雹。其大雹运行增长轨迹的勾画示意图见图4.5。

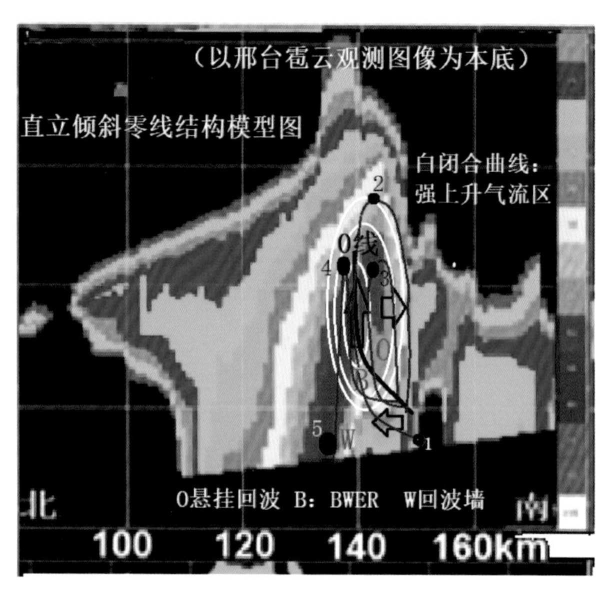

图4.5 2018年5月12日邢台17:00雹云特征剖面上的零线结构及大雹运行增长轨迹勾画图
（双箭头：流动方向；黑且线：零线；带数码及黑班的实曲线：大雹循环运行增长轨迹）

对流云的三种零线走势见图4.6。一般雹云的零线走势是上翘的，阵雨云是直立对称的，强暴雨云是下弯的。

一些学者认为，冰雹形成具有一上一下式的轨迹，而对形成大雹的循环运行式的轨迹表示怀疑。这是为什么呢？

其实，冰雹的运行增长轨迹可以是一上一下的，但其轨迹需贴近零速度线。这时水平气流不能把冰雹吹离，而且在冰雹运行增长中其落速与局地上升速度需要一致，而这样的条件太严苛。这样条件的出现可以巧合，但难以成为普遍现象；众多主流冰雹的形成是靠循环增长运行方式。循环就得有入云流和出云流，就得有吹出主上升气流区后有再进入主上升气流区的机会。对流云的流场必定有入流与出流，其间就必然有零线存在，而且倾斜的零线结构更有利于循环。

冰雹循环运行增长是大雹形成的主流方式，是“零线—穴道”结构及其成雹效应的集中表现。下面，将要从“根”上把道理说明白，祛除种种疑虑。

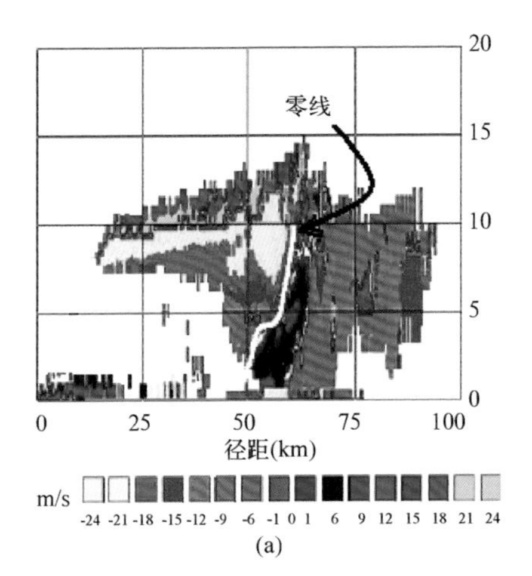

(a)

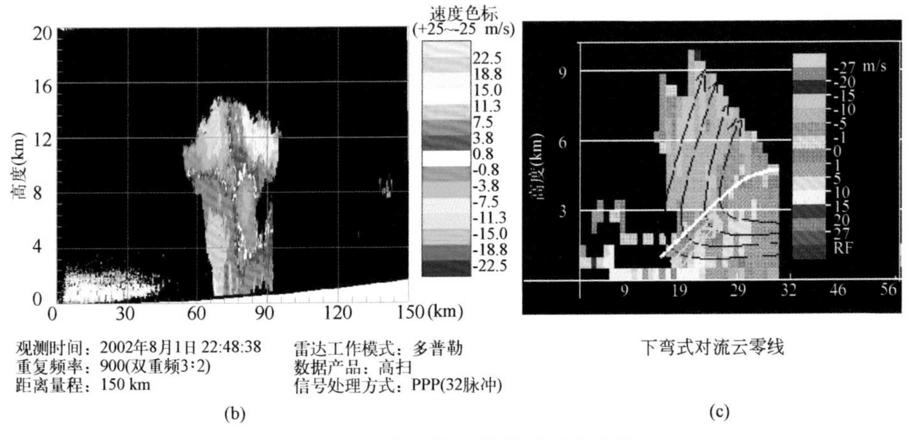

(b)　　　　(c)

图 4.6　对流云的 3 种零速度线走势

(a)上翘式，(b)直立式，(c)下弯式

4.3　雹云成雹的学科特点

冰雹形成的自然景象是：各类水凝物粒子群在雹云的宏观动力流场驱动下，边增长边运行中形成的。云体的流动不是单一的空气流体，而是属于含有三相（汽、滴、冰）水物质粒子的多相流体力学，远比没有粒子间并合、没有相变的沙尘或泥沙流复杂。

下面讨论如何把握雹云及大雹形成的学科特点及提供合适的研究路径。

冰雹是降水过程的进一步发展，大雹又是冰雹形成中的少数幸运者，之所以幸运是它们拥有最佳的增长运行轨迹。

雹云中各个场是不均匀的，各类水凝物粒子的尺度跨度很大，小粒子能跟随气流运动，大的粒子在重力作用下有自身的落速，不能完全跟随气流，会发生大粒子流—气流脱离分流现象，再加上粒子间的并合、破碎、相变（性态、潜热）等过程，使整个流动呈现为多态复杂流动(注:小粒子也受重力作用,但由于空气黏性力的平衡效应导致其末速小于空气脉动速度,难以出现"分道扬镳"的离流现象。至于在水平方向上,不存在其他单独作用在粒子上的力,所以只考虑它们在空气的黏性力拖曳下跟随着空气运动,也没有考虑对不同尺度(重量)的跟随率应有差别的情况,认为跟随度恒等于1.0;还忽略了在气流速度变化时气流与粒子间达到同步运动的张弛适应时间的影响,认为是立即适应的)。

因而,在研究思路、方法或构建模型时必须抓住自然景象的主要特征,不可有重要缺失及明显歪曲。为此需要仔细推敲。

具体来说,在对流云中流场是不均匀的,而流速与雨(雪、霰、雹)粒子的末速相当,甚至更大。粒子的运行增长轨迹决定着它们的历程及达到什么样的终态。而轨迹是被多个因素所操控,运行的方向和移速是由流场和粒子末速来决定的,而过冷水场(过冷量和比含量)和温度决定着增长率,也影响着粒子的末速变化,这些皆对运行增长轨迹有明显影响。

云中的水凝物粒子群是多尺度、多相的,增长运行方式多种多样。水凝物粒子群的起点、路径明显影响着它们的终态。为什么有的粒子可在简单的上、下运行中长大成雨—雪—霰—雹?为什么有些粒子则是旋转往复地循环运行增长?如此等等。那么,支撑粒子运行增长的方式需要云体各场间具有什么样的配置特征呢?

大雹有几厘米的尺寸、几十米/秒的落速,雹块有分层结构。这些"大雹"是冰雹形成过程中的具有最优历程的"幸运儿"。即使地面落满大雹(多于500~1000个/m^2),在云中的数浓度还是很稀疏(少于1个/m^3)。

如此"幸运"的大雹何以轻松形成?

雹块具有分层结构,图4.7和图4.8给出的是两类不同的分层结构的实例图。图4.7中的雹块,外层一层透明冰占了5 cm直径雹块中的4 cm,体积的占比会更大,但其内层分层较多。

图4.7 分层少的大冰雹

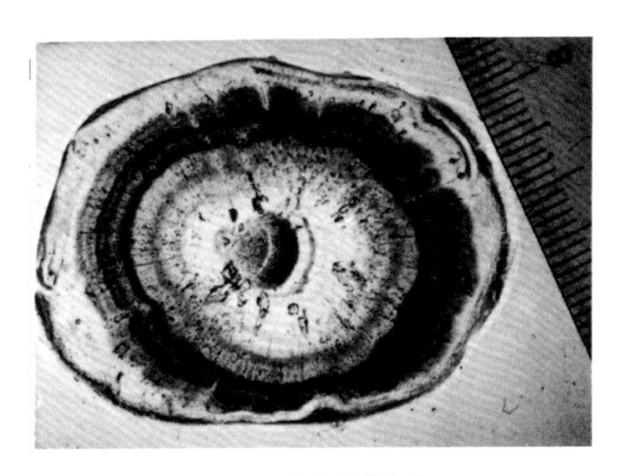

图 4.8 多分层的大雹

大雹块可以分层较多,也可以分层较少。层数与尺度没有明显关系。应与路径有关。

分析可见,大雹的形成不是仅仅与其初、终环境条件有关,而是与大雹的运行增长轨迹息息相关,须经历一个“大浪淘沙”式的特殊幸运的历程。

探究大雹形成方式问题的关键,是如何去追踪大雹形成过程中的轨迹。

4.4 研究途径

(1)思路

鉴于云中冰雹运行轨迹难以直接观测,需要经综合分析观测资料来提炼出其物理模型,继而还得去做理论性理解论证,再建立合适的数值模式并进行成功的模式模拟再现,进行这三个步骤,才能归纳出贴近自然的冰雹轨迹轮廓。

可见,精确的模拟再现是必要的。所以对适用数值模式的功能要求甚高(许焕斌 等,2017)。

为此,所用模式要具备能反映云体宏、微观场相互作用及其如何来影响粒子运行增长轨迹的描述能力。不能再用欧拉式的把粒子群捆(给定谱型函数、各式各样的加权平均落速)起来的参数化方式,或在粒子群分档处理方案(BIN)中大粒子宽档内的平均处理等。

能不能用解捆了粒子群的 BIN(分档)方式呢?

为此,我们建立了冰-水两相粒子群的 BIN 分档模式:SGBH(1-3D)。它始于 1982—1987 年,1992 年研究出模式及模拟文章,1999 年、2004 年发表应用性文章(许焕斌,1992;许焕斌 等,1999,2001,2002;赵仕雄 等,2004)。

(2)两相粒子群 BIN-SGBH 模式应用研究举例。

1)模式描述了粒子群的并合增长,可出现双峰分布,见图 4.9。

注意：质量浓度(d^3)谱比数浓度(d)谱峰形明显。

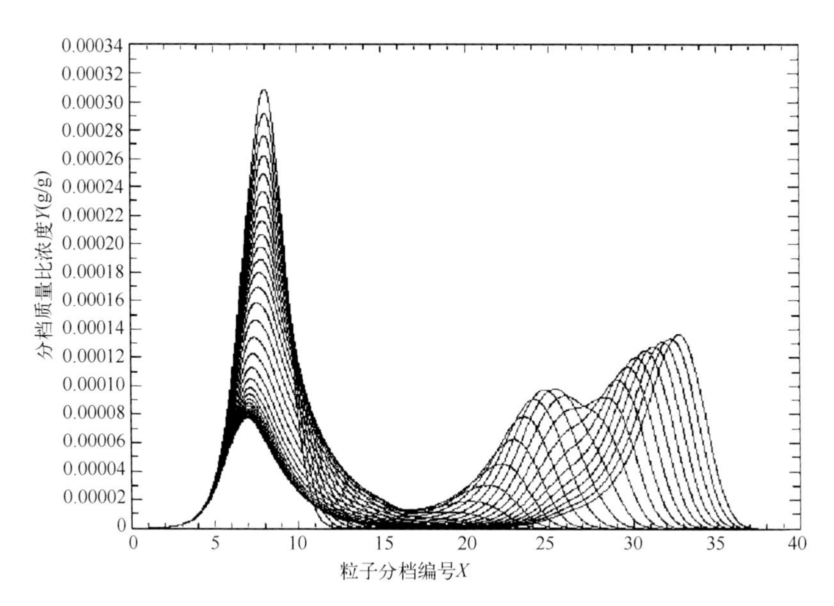

图 4.9　由 BIN 模式模拟的单点粒子群质量浓度分布因随机并合过程引起的谱型变化——出现双峰
（横坐标是粒子分档编号，纵坐标是各档的质量比浓度）

2)描述了单液相粒子群的谱演变。

垂直向各格点上的粒子群谱演变，见图 4.10。

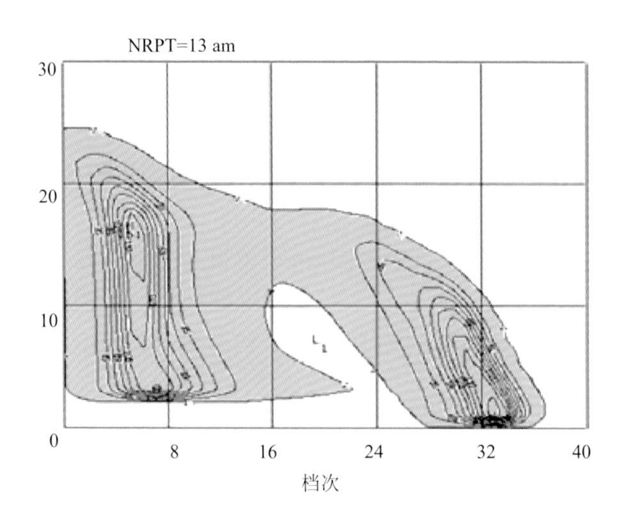

图 4.10　不同高度点上的单液相粒子群谱随时间演变的剖面
（图中闭合曲线是质量浓度等值线。横坐标是粒子分档编号：0～40，每格间距为 8；纵坐标是模式垂直格点编号 $k=1\sim30$，格距 250 m，每格为 10 m，相当于 2500 m，垂直范围是 0～7500 m。NRPT 是报告输出次序编号）

3)描述了单冰相粒子群的谱演变。

垂直向上各格点的粒子群谱演变见图 4.11。

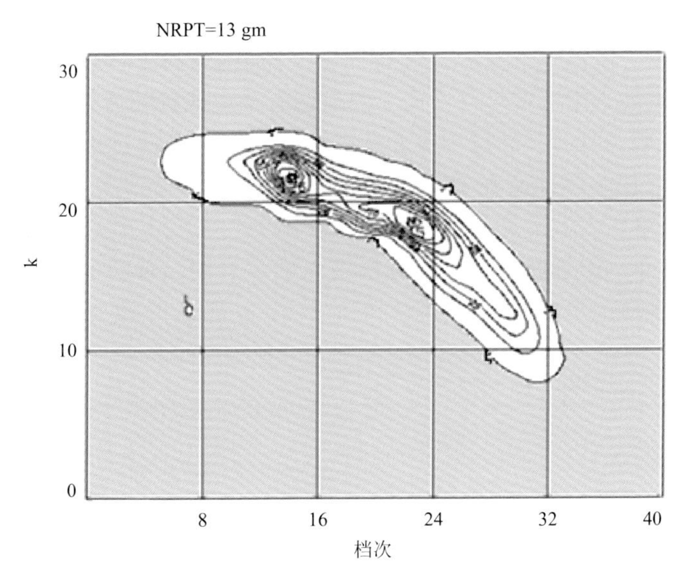

图 4.11　不同高度点上的单冰相粒子群谱随时间演变的剖面。其他说明同图 4.10

4)描述了液相粒子群＋冰相粒子群的谱演变，给出了播撒—供给(Seeder＋Feeder)图像。

垂直向各格点上的液-冰相粒子群谱演变见图 4.12。

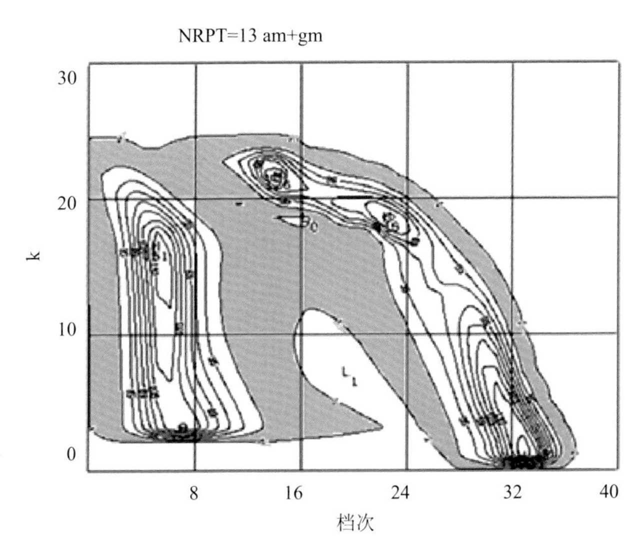

图 4.12　不同高度点上的液冰两相粒子群谱随时间演变的剖面，其他说明同图 4.10

可见，图 4.12 反映了两相粒子群间的播撒—供给(Seeder＋Feeder)图像。

5)给出了在强对流云优厚条件下,可生成毫米级大小的雹胚及合适数浓度的最短时间范围。

从冰雹形成的微观物理学知道,冰雹的长大一般有两个阶段,即雹胚形成阶段和雹块增长阶段。从冰雹形成的宏观物理学又知道,有利于雹胚形成的云内位置和有利于雹块增长的云中区域可以不同。因而就有个形成雹胚后如何运行到冰雹增长区的问题(许焕斌,2012)。软雹实质上是雹块内冰架内藏的过冷水尚未完全来得及冻结的冰雹。雹块一旦冻实在了,只能逐渐融化,不能整体变软,更不可能从内部变软(许焕斌,2015)。

这里,先简介一下雹胚的形成和雹块增长的示意图。雹胚形成过程是与降水粒子形成过程类似的,形成的是毫米大小的可作为雹胚的液-冰相降水粒子,参见图 4.13 和图 4.14。

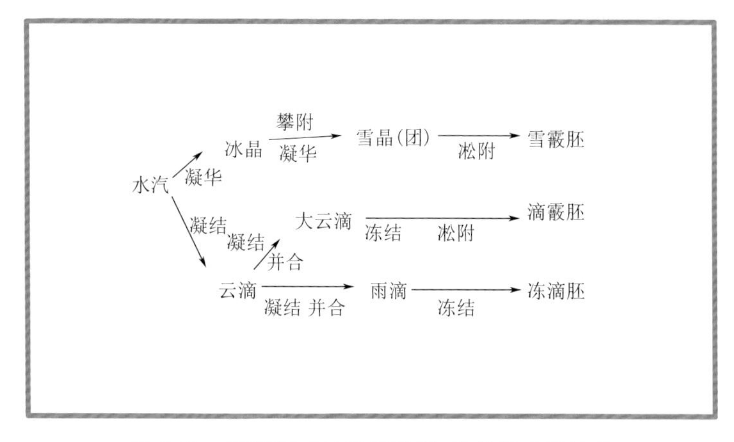

图 4.13 雹胚形成过程示意图,类似于成雨过程

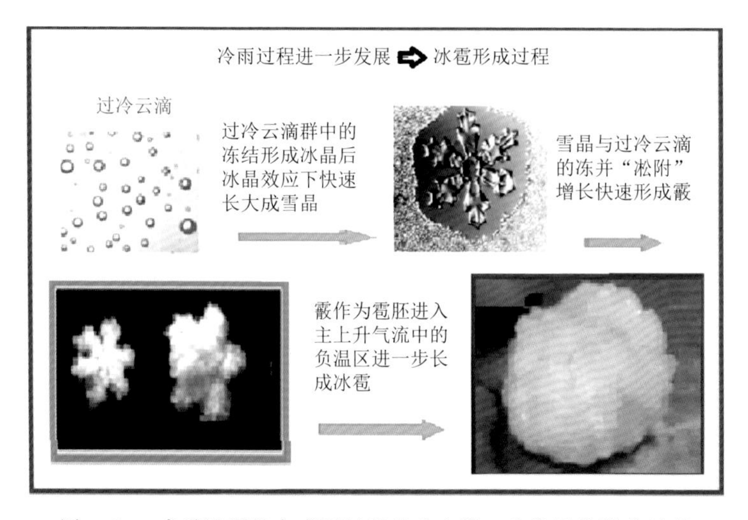

图 4.14 成雹过程是在成雨过程基础上进一步发展的强化过程

冰雹形成过程是在云中成雨过程的基础上的进一步发展；而大雹则是在冰雹形成过程中具有最佳运行增长轨迹的“幸运儿”。

为了估计在强对流云优厚条件下，可生成毫米级大小的雹胚及合适数浓度的最短时间范围，用BIN模式模拟了雹云中毫米尺度雹胚形成的时间需多少，见图4.15。

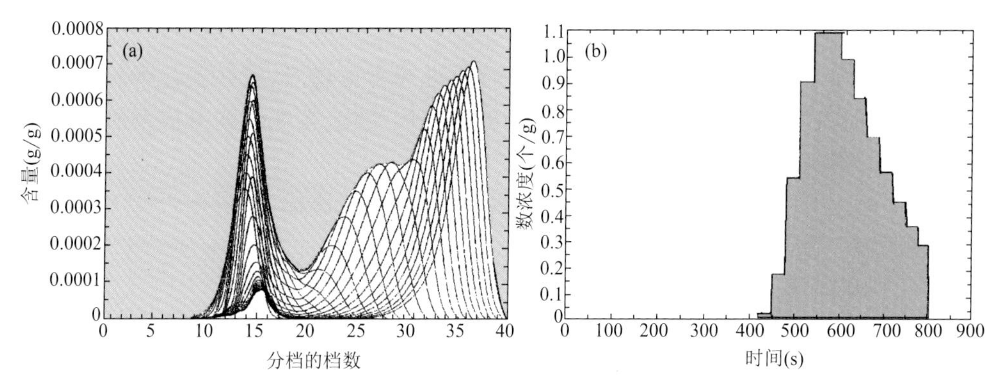

图4.15　用BIN模拟的在对流云环境中可生成雹胚的尺度和数浓度过程及时间图

(a)粒子质量谱形随时间的演变，线间时间间隔为30 s，主峰值随时间由小档数向大档数移动；(b)粒子直径大于1000 μ的可作为雹胚的数浓度随时间的演变

从图4.15可以看出，在对流云中具有优越的凝结及并合增长条件下，随着粒子群的谱形随时间的展宽，$d>1000\ \mu m$ 的滴在450 s(7.5 min)开始形成，到550 s(9.2 min)时浓度达到最大 $N_d=1.1$ 个/g(1100个/m^3)(许焕斌，2012)。

(3)分档(BIN)方案的局限性及弥补对策

1)局限性

虽然BIN模式可提供本格点或进入本格点的粒子群的尺度演变。但不直接含有粒子运行轨迹的跨格信息。

看来，用把粒子群分档的处理方式在描述雹胚形成中有所进展。但也发现，BIN方案虽然“把捆起来的粒子群松绑”了，但如何使分档后的粒子群末速接近于真实呢？为此，还需要细致考虑影响粒子末速的尺度、密度、形状及类型：雨、雪、霰、雹等，不可人为地限定粒子的类型而扭曲了粒子群类型间的自然转化图像(许焕斌 等，2017)。而且要注意，不能在“明处”解捆了粒子群又在其他参数处理中“暗存”再捆绑的隐患。

2)对策

如上所述，关键是BIN方案虽然改善了谱演化的描述能力，取得了一些有意义的结果，但BIN方案在欧拉场中并不具备直接描述粒子群运行增长轨迹的功能。轨迹信息不是从分档处理得粗或细些就能获得的！

所以，在BIN方案得到雹胚生成信息的基础上，进一步去追踪形成大雹的增长运行轨迹是必要的。

经过深思熟虑、对比模拟，我们选定了欧拉式（背景场：GF）＋全拉格朗日水凝物粒子场蒙特卡洛式的粒子群追踪（而不是半拉格朗日）相互耦合的物理模型和相应的轨迹数值模式：即：GF＋2/3D∽TRAJ（王思微 等，1989；许焕斌 等，2001，2002；赵仕雄 等，2004），而不是 GF＋BIN∽SGBH：1-3D。

4.5 雹云基本特征的模拟再现

如果学科特点抓住了，物理模型贴近自然，处理方案得当，就必然会再现理论和观测得到的各种特征：如，具有兜雹成雹功能的零线结构、零线结构效应及所反映出来的特征图像等。

下面通过再现模拟得到的雹云结构特征及大雹形成图像，看看能否深入理解其中的道理，能否解疑相关的疑虑。

（1）特征流场：对流旋转上升气流

模拟给出的对流旋转上升气流和水凝物比含量场见图 4.16。

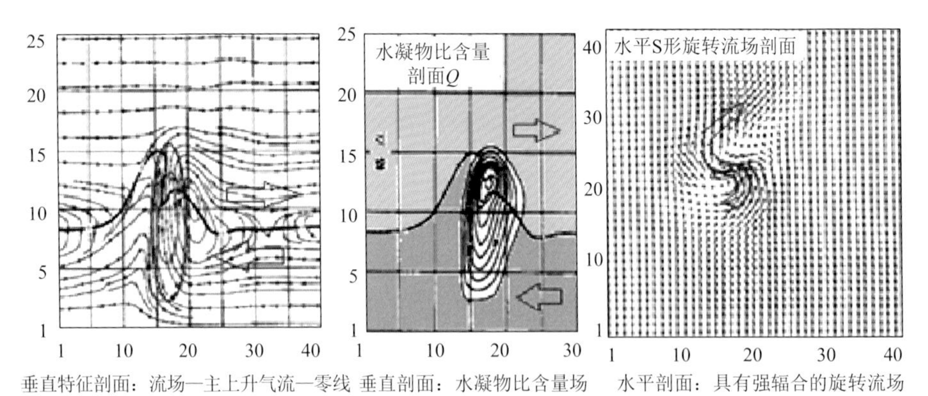

垂直特征剖面：流场—主上升气流—零线　垂直剖面：水凝物比含量场　水平剖面：具有强辐合的旋转流场

零线结构：水平速度零线处于入云气流顶出云气流底，它穿越主上升气流(*W*)及水凝物比含量(*Q*)大值区。*W*及*Q*场皆具有大的梯度

图 4.16　模拟给出的雹云特征流场和水凝物比含量场（图中坐标：模式格点数 40×40×25）

（2）大雹运行增长轨迹（图 4.17、图 4.18）。大粒子在围绕着零线增长运行中逐步向主上升气流区汇集，并在越过最大上升气流峰值后降落（零线结构具有的效应表现）。

从大雹运行增长轨迹水平剖面（图 4.18）上看到，冰雹向零线及其邻域集中，再进入主上升气流区长大。处于同一位置的粒子，能不能在运行增长中向上升气流中心聚集，不是单独的初始状态（如大小）所能确定的，还得看各自的运行增长轨迹（经历）。由于是粒子的运行增长过程，是边运行边增长的，怎么运行要看粒子增长，粒子怎么增长又得看其运行，增长情况与运行情况是相互影响的。粒子所处的当前状态只决定眼下它怎么走，运行到哪里去还得看它在行走中怎么增长，增长到什么情景又依赖于运行路径中的条件变化。

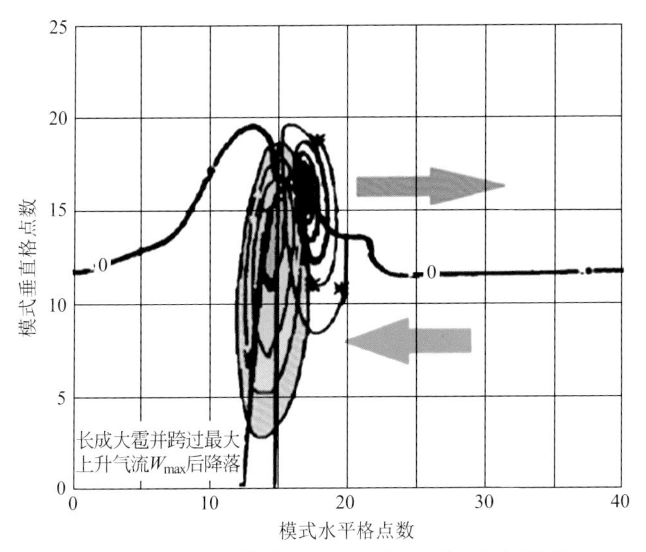

大雹运行增长轨迹，围绕零线循环中边收缩边进入主上升气流中心

图4.17　模拟的大雹运行增长轨迹(垂直剖面)

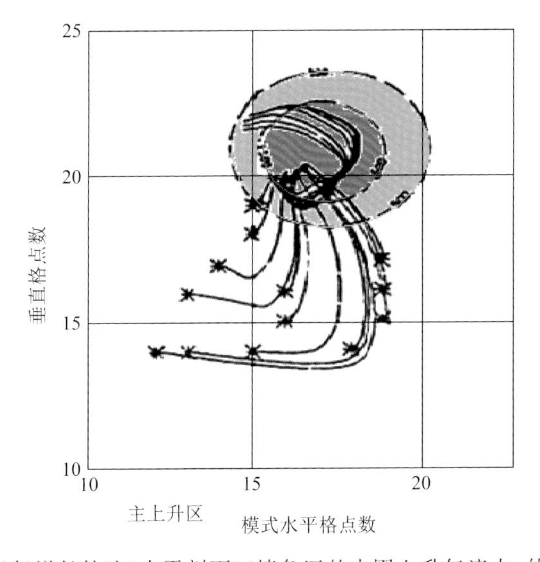

图4.18　大雹运行增长轨迹(水平剖面)(填色区的内圈上升气流大,外圈上升气流小)

粒子在重力驱使下只能向下落,水平运动需靠气流拖曳。在入流中的粒子会向主上升气流运动,但随着其移动会引起气流局地上升速度与粒子增长引起的落速之间的匹配变化:

1)不平衡:粒子会被吹离(落速总是小于上升流速)、落出(落速总是大于上升流速)(图4.19、图4.20);

2)动态平衡:气流上升速度与粒子增长引起的落速,二者时大时小,粒子轨迹围

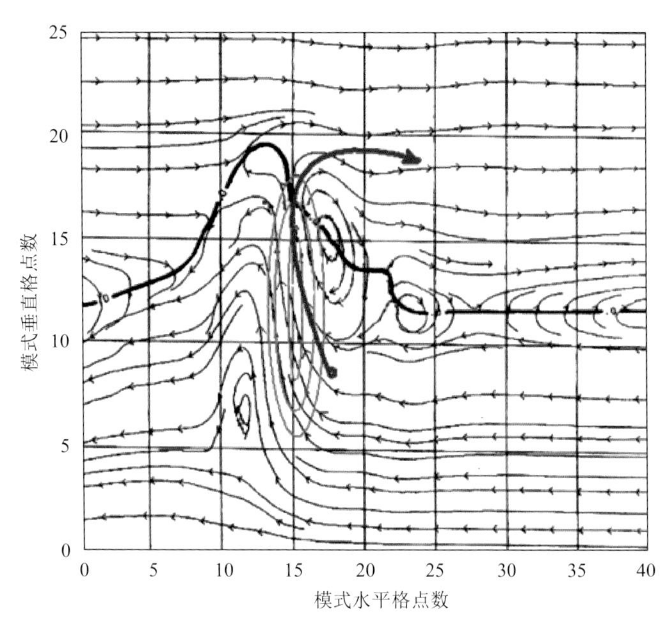

图 4.19　非平衡:粒子在运行增长中其落速总是比当地上升气流速度小(上升轨迹)

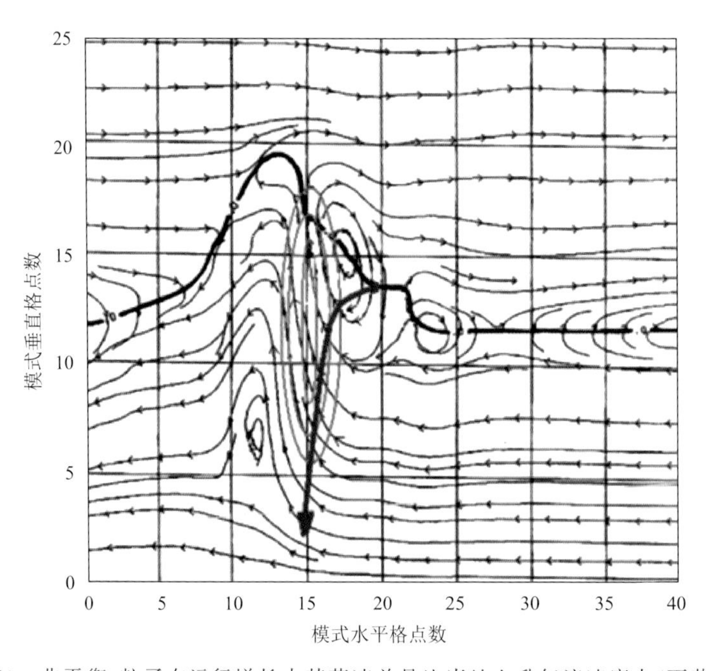

图 4.20　非平衡:粒子在运行增长中其落速总是比当地上升气流速度大(下落轨迹)

绕零线往返振荡(循环)且速度差逐渐减小,长成大雹(图 4.21);

3)平衡:粒子沿零线运行增长成大雹(图 4.22)。

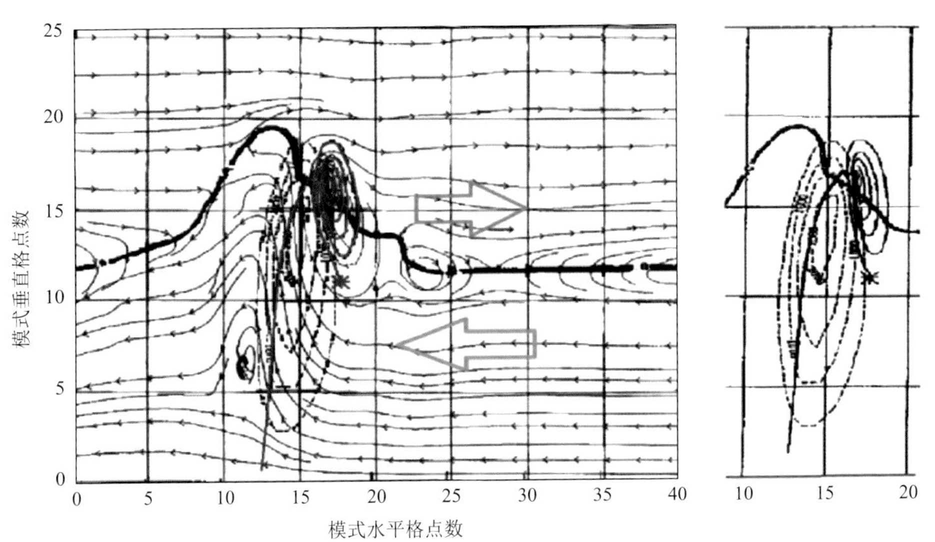

图 4.21　动态平衡轨迹

平衡(特殊态)：粒子在主要的运行增长中其落速总是与当地上升气流速度一样。这是对流云中降水粒子的最优增长运行轨迹(也是宏、微观最佳配合)，最终尺度最大，路径最短。与一上一下的最优轨迹与层状云类似！见图 4.22。

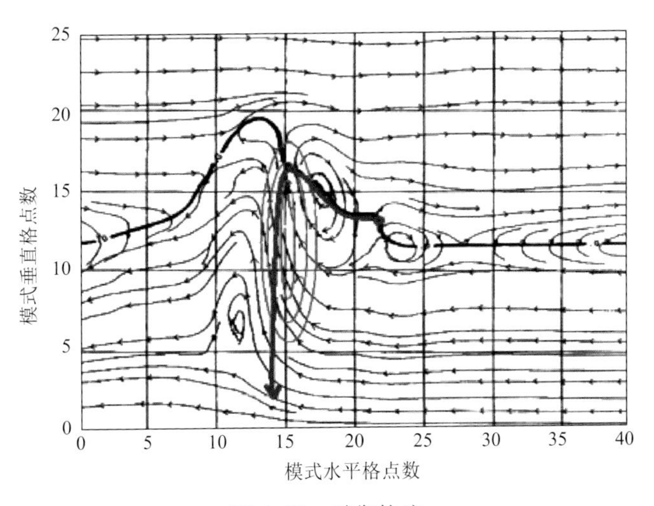

图 4.22　平衡轨迹

整体动态平衡—局地不平衡：粒子在云中运行增长过程中，其局地落速时而小于上升流速、时而大于上升流速，粒子轨迹往返收敛振荡(循环)着，随其落速与上升流速的差值逐渐减小，稳步长成大雹。

(3)零线结构区域内粒子群平均尺度及数浓度随时间的变化见图 4.23。

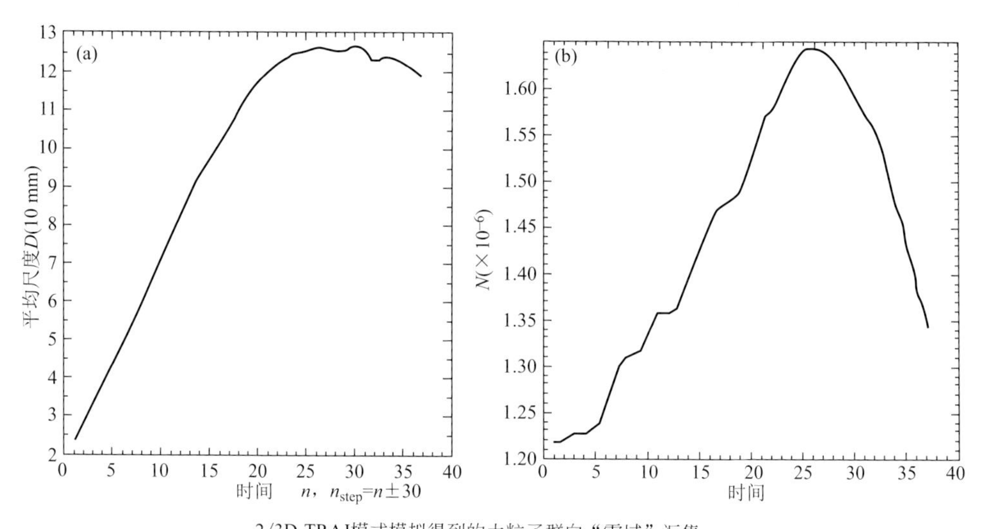

图 4.23　零线结构区域内粒子群(a)平均尺度(D)及(b)数浓度(N)随时间（输出报告时序 NSTEP)的变化曲线

(4)大雹运行增长轨迹与雹云回波特征结构间的关系

图 4.24 给出了 6 个能长成大雹的三维运行增长轨迹及呈现出雷达回波分布特征。6 个长成大雹的直径依次是：4.62 cm、4.21 cm、4.09 cm、3.86 cm、3.78 cm 和 3.43 cm。它们皆拥有最佳的、围绕贴近零线的增长运行轨迹。在零线效应作用下，6 个大冰雹的轨迹勾画出了雹云的特征雷达结构的轮廓，显现出 O：悬挂；B：BWER；W：回波墙等特征。

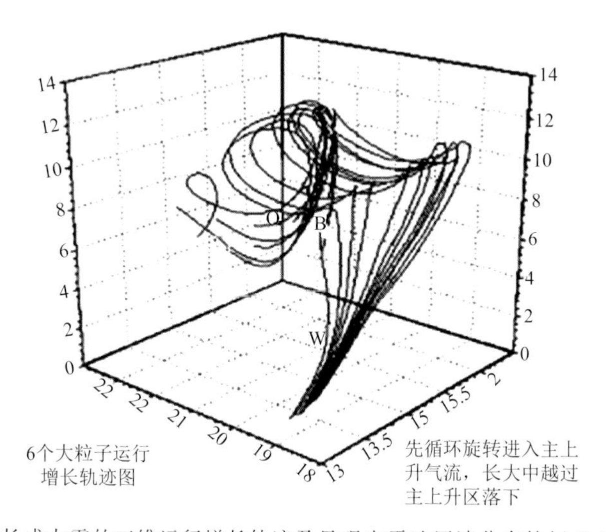

图 4.24　6 个能长成大雹的三维运行增长轨迹及呈现出雷达回波分布特征 O-B-W 的位置匹配

从图4.24、图4.25可以看出，零线结构及其效应操纵着大雹形成的运行增长轨迹，而大粒子群的运行增长轨迹群的分布又反映出雹云雷达回波结构特征中O-B-W。两者以各自的方式呈现出雹云的各种场的特征，场间关系是相容的，是同一规律的不同表现。

从轨迹模拟给出的大粒子轨迹群分布所反映雷达回波的特征，见图4.25。

何晖等(2015)按自己的学术思路用Xd-TRAJ模式得到了类似的结果。

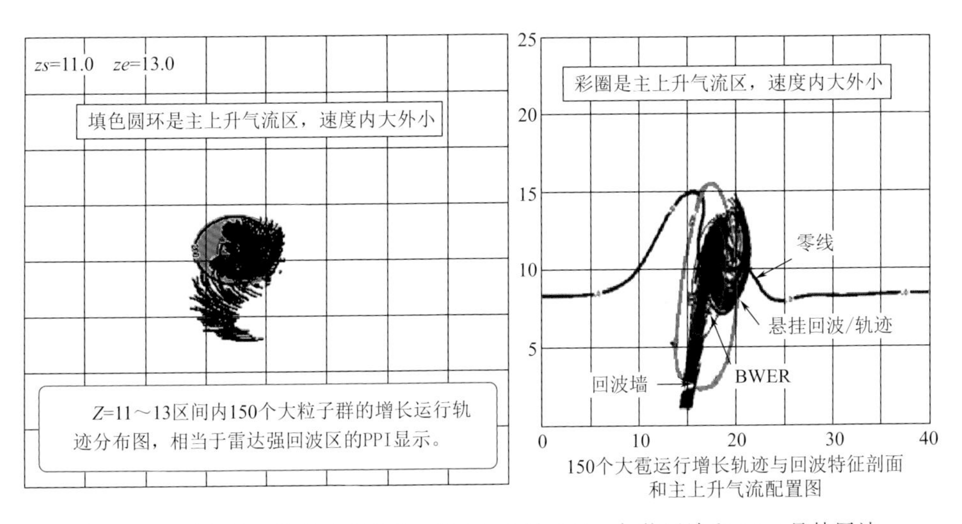

图4.25　模拟给出的雷达回波特征剖面，中低层PPI勾状回波和RHI悬挂回波

(5)冰雹的分层结构

冰雹雹块具有分层结构这是观测事实。参见图4.7、图4.8。

有学者专门对雹块分层结构做了同位素分析，以求了解分层结构的物理含义。

北京大学物理学院张庆红对一个直径达6 cm的大雹块也做了同位素分析，见图4.26，但在图中看到的化学成分随半径的分布是V形的，这预示着冰雹运行轨迹只有一次升降。在Maclin(1962)给出的雹块同位素分布图4.27中，显示出一个直径达5 cm的大雹运行增长轨迹(经历了2次升降的循环)。图4.28是模拟再现的雹块分层结构图(许焕斌，2012)。

雹块分层结构是由于雹块生长状态可以呈现出干、湿态的交替的反映。但从雹块增长物理学来看，导致干、湿生长交替的因子并不是单一的。冰雹在循环运行增长过程中，因位置随时间的变化，流场、温度场、过冷水含量场的不均匀等，冰雹捕获过冷水量、冻结潜热释放量及冷量传导间的多因素变化，皆可引起雹块干、湿生长状态的交替。所以要注意，只靠对位置-温度有反应的分析量值变化来推测冰雹运行增长轨迹是粗犷的。就目前的知识需求来看，有些粗犷的了解就够了！

本节给出的结果显示，模拟再现了已经观测到的各种结构特征。这不仅表明了在抓学科特点、构建物理模型和配置处理方案等方面该模式是贴近自然的、合理的，

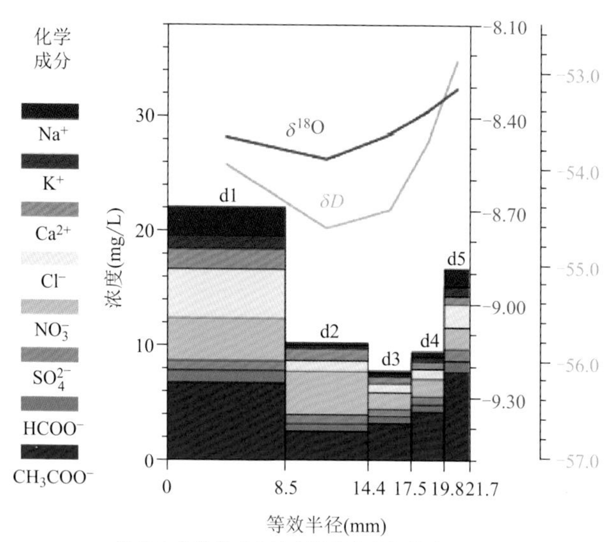

图 4.26　张庆红给出的雹块同位素分布图(Li et al.,2020)

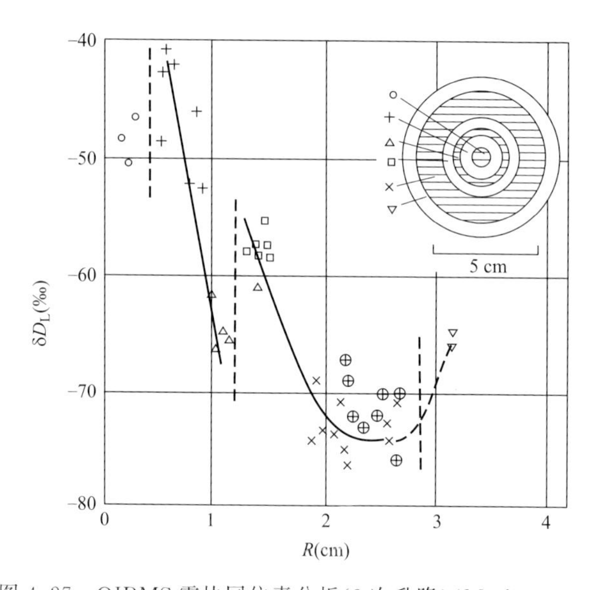

图 4.27　QJRMS 雹块同位素分析(2 次升降)(Maclin,1962)

也对理解这些特征结构的学科内涵、何以会有这样的特殊功能以及探求其形成机理等方面有所收获。

下面利用所述的再现图像和学术收获，看看能否解决相关的疑虑。

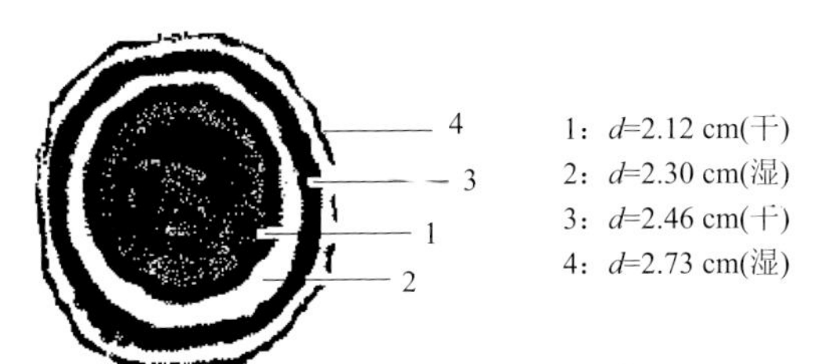

图 4.28　模拟再现的大雹分层结构模拟图(许焕斌,2012)

4.6　疑问及解疑

(1)Doswell 对重复循环(再循环)的疑问

作为著名强对流天气学家的 Doswell,怀疑重复循环能否呈现是有原因的。因为,大雹的循环增长需要有支持粒子能进行循环运行增长的流场,这已是雹云云体物理学的问题了(图 4.29)。

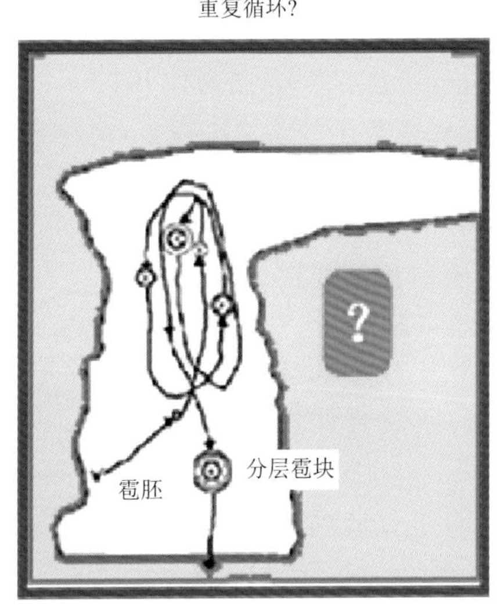

图 4.29　Doswell 的疑问:所谓的“再循环”假设目前是大不可信的,或者至少被视为是一个夸张了的观点

加入了雹云物理学内容,就可以改画出图 4.30。从图看出,它具有层云先导(LS)流型的直立对流云流场结构中的十字形零线结构,据此再勾画的流场就在物理学上适配了 Doswell 所给出的大雹循环运行增长轨迹。这似乎能解 Doswell 的疑虑了吧!

重复循环?

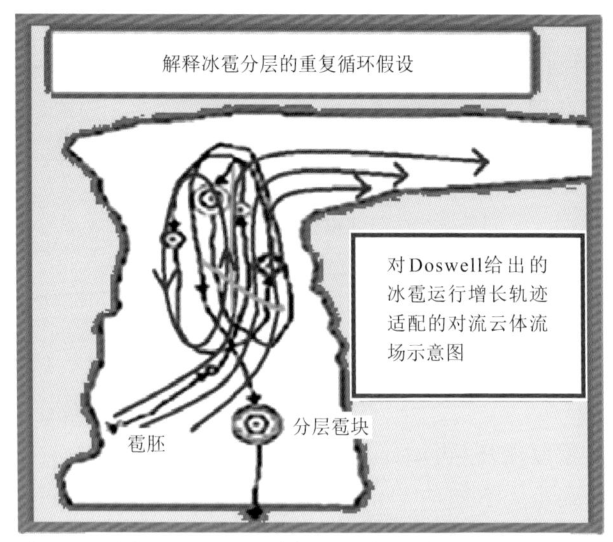

紫线： 流线； 绿线： 零线； 黑线： 冰雹运行增长轨迹

图 4.30 Doswell 疑问的试解

(2)关于层云中降水粒子非循环运行增长轨迹

层云中雨粒子运行增长：一上一下型，是最佳 Seeder-Feeder(播种-供给)轨迹。

1)在层云中，上升气流比雨粒子的落速小得多，雨粒子可单程上下运行增长，且雨粒子落速对其运行轨迹的影响最明显。

2)在层云中，Seeder-Feeder 降雨机制简单清楚。

3)在层云中，人工播撒催化剂的部位可由温度、水汽、过冷水量来确定。

图 4.31 是层状云中降水粒子的最优增长运行轨迹(也是宏、微观最佳配合)的示意图。

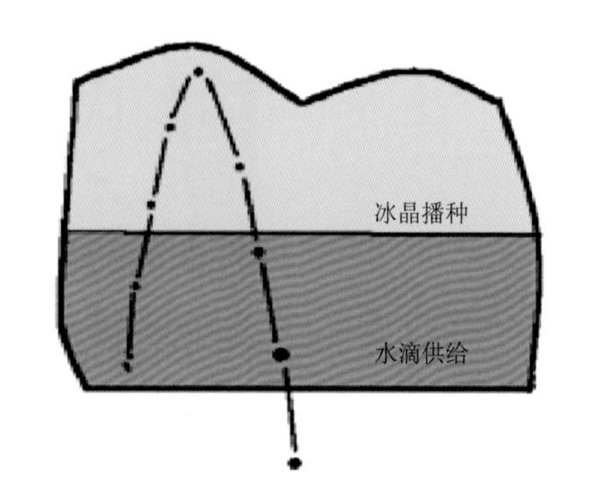

图 4.31 层云中雨粒子的最优运行增长轨迹

(3)关于特殊情况下的冰雹非循环运行增长轨迹

如果冰雹在运行增长中，因增长引起的落速变化恰好与冰雹在运行中的位置变化而发生的局地上升气流速度变化同步，始终保持着落速与上升气流速度的平衡，就会出现 Miller(1990)在图 4.32 所示的大雹恰好平衡运行增长的轨迹。

鉴于满足这样的条件需要宏、微观场对某粒子的运行增长状态有恰好的全程配合，其条件苛刻，可遇不可求，具有特殊特例，不具普遍性(类似于图 4.22)。

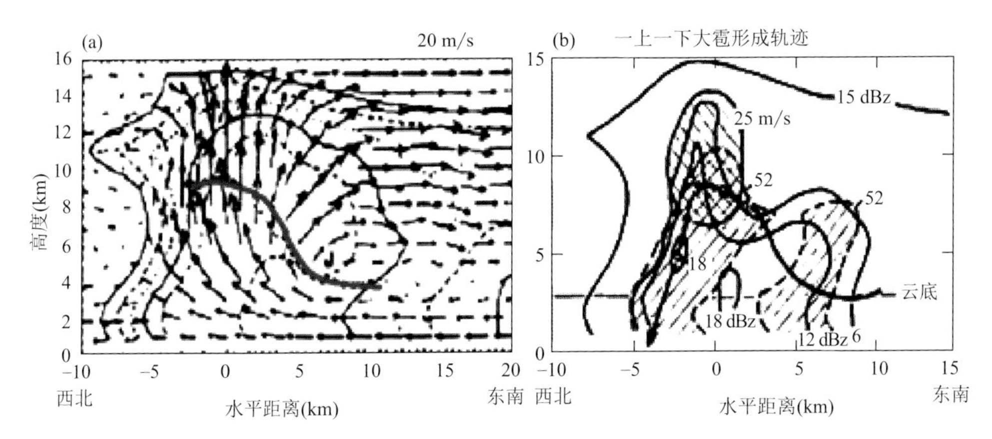

图4.32 在对流云中,Miller等(1990)给出的冰雹恰好平衡运行增长的轨迹是特殊态
(a)把Miller模拟计算得到的轨迹叠加在所用的流场垂直剖面上;
(b)Miller模拟计算得到的轨迹图

4.7 对流云强阵雨

对流云形成“倾盆大雨”——强阵雨,有一个积集过程。这个积集也是在前述的零线结构区的邻域完成的。不过这是成雨的零线结构,它比成雹零线结构弱些,不能兜住大雹,只能聚雨盈盆(许焕斌 等,2002;许焕斌,2012,2015)。

雨粒子群先在零域(零线及其邻近区域)右上部的主上升气流边缘聚集,随着其尺度及落速的增大逐步进入强上升气流区,当越过上升气流峰值区后,急降呈“倾盆大雨”(图4.33)。

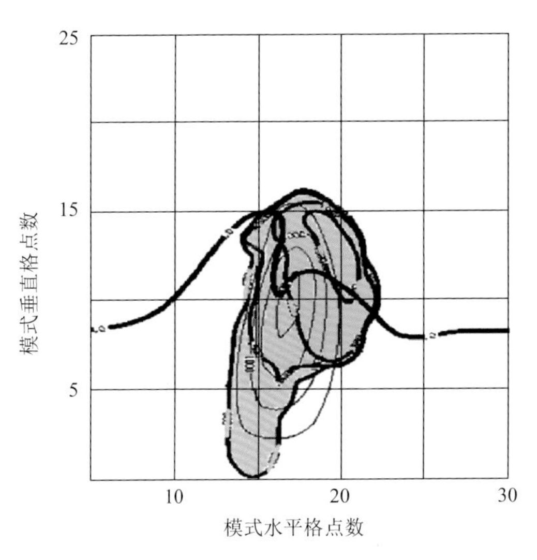

图4.33 云中雨粒子群聚集区随时间的演化图

4.8 零线结构与雷电云间频闪

冰雹云的闪电特征是，随着云闪与地闪比例的增加，降雹和强阵风来临了(图 4.34)。

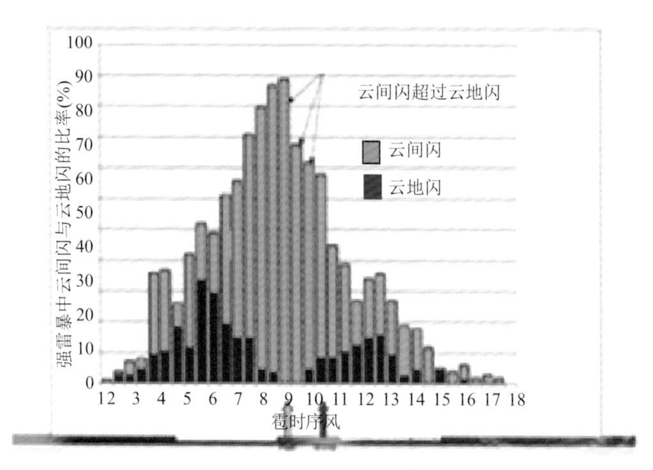

图 4.34 VAISALA 给出的雷暴云闪和地闪比率随时间变化与降雹和阵风出现的关系(引自:VAISALA 公司 PPT)

据雷电物理学的研究表明，强对流云的频繁闪电，其充电机制是靠非感应起电来完成的。零线效应把粒子群向零线集中，由于零线上下的温度差别，它们虽聚在一处，但荷电符号可有正负之别(图 4.35)。荷异号电的粒子群又被零线结构效应强迫

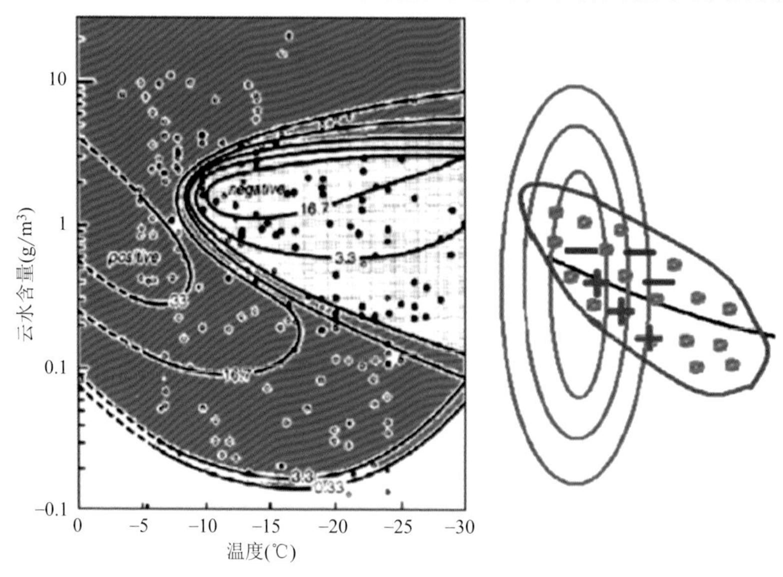

图 4.35 温度与云水含量的荷电分界及在非感应起电情况下，荷电符号与温度-位置的关系(Takahashi，1978)

聚集到一地，恰似“冤家相遇”，造成局地电场强度倍增，云闪频发（图 4.36）。

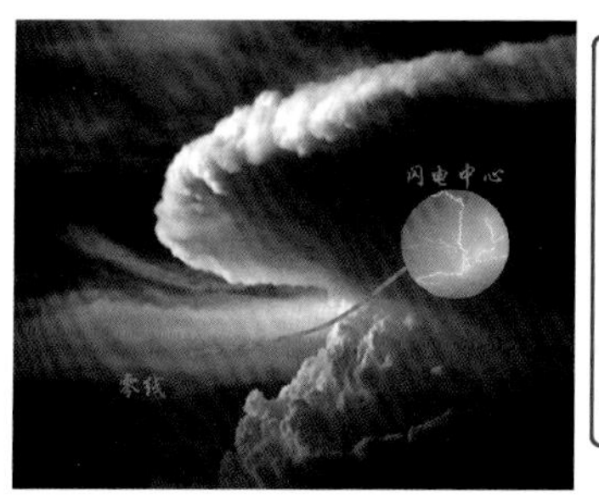

云闪是雷暴云内带异号电荷体间的放电。当放电路径遇到同号荷电体时，路径会出现转向或绕行。

图 4.36　云闪中心情景图

因此，闪电中心就是“零线”结构区，就是人工防雹作业的合适部位。

4.9　诸城雹云个例结构的专题介绍

本节专门介绍 2019 年 8 月 16 日诸城雹云实例结构。

为什么值得专题介绍诸城雹云实例呢？因为就目前“守株待兔”的观测方式，如果能捕获到比较完整、贴近自然的特征剖面结构，对取资料有着严格的要求。例如，要求雷达测得的径向风剖面和回波剖面皆是反映云体结构的特征剖面，不可有明显错位。单就这一点就有着严格的条件：雹云处于准稳定的成熟态；主体回波移向恰是雷达的径向；主回波离雷达的距离处于最佳的 60～90 km 内。即，雹云与雷达间的位置、距离等时、空、态的配合要恰好。诸城雹云的观测资料在 15:30 满足了这些条件，实属万幸！

诸城雹云回波特征剖面上的零线结构见图 4.37—图 4.39。

特别关注：图 4.37 是依据雷达径向风剖面上风的信息，点对点地再画到同一回波强度剖面上，以显示流场与回波场间的配置关系。这是直接从雷达径向剖面产品分析得出的。此图应是最可能贴近实例雹云云体主入流—出流剖面上的雹云云体特征结构的图。

上述诸城雹云结构图罕见，从事雹云物理的人运气也罕见！在外场观测中经常伴随着种种遗憾。避免遗憾，观测者的充分准备是重要的，但观测能否捕获到最佳物理特征图像，还得靠运气！

依据零线效应，可对在图 4.39 中如何勾画大雹运行增长轨迹做些说明。某个水凝物粒子从 0 处随主上升气流运行经过 1 到云体上部长大后（或已长大成雹胚），在出流带动下进入弱上升气流区下落到 2；在云高层出流和其落速驱动下一直下落并穿越零线到达 3，此处是入流区；在入流区，随着与主上升气流的靠近而出现的局地上升气流的增大，粒子由下落转为随上升气流而上升，转入第二轮循环运行增长；随着粒子在第一轮的 1～3 的运行中已长大了，落速也增加了，接下来的运行轨迹就可

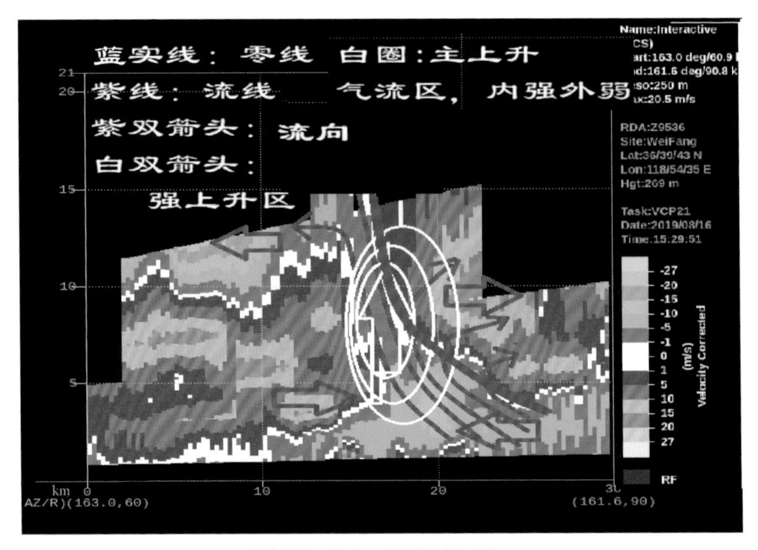

(a) 诸城雹云径向风剖面背景下的
零线结构：零线+流场间配置

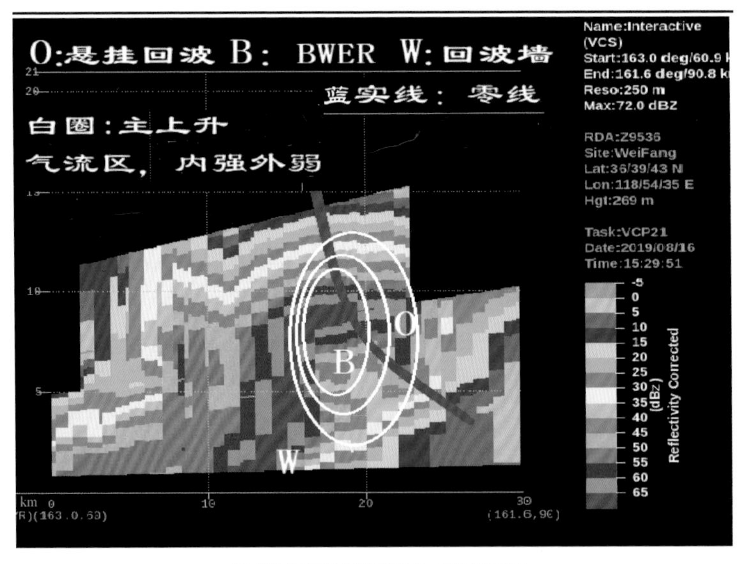

(b) 诸城雹云径向回波剖面背景下的
零线结构：零线+dBz场+w场间配置

图 4.37 诸城雹云(a)径向风(V)和(b)回波(dBz)特征剖面上的零线结构(龚佃利 供稿)

以向强上升气流中心区逐步靠拢；处于位置 3 的粒子继续在水平入流和上升气流拖带下，在 4 处穿过零线再进入出流区；经历了类似于 2～4 的两轮循环后分别到达位置 5、6，轨迹也逐渐收缩到靠近零线的最大上升气流中心区；此时此地 6 处的粒子已

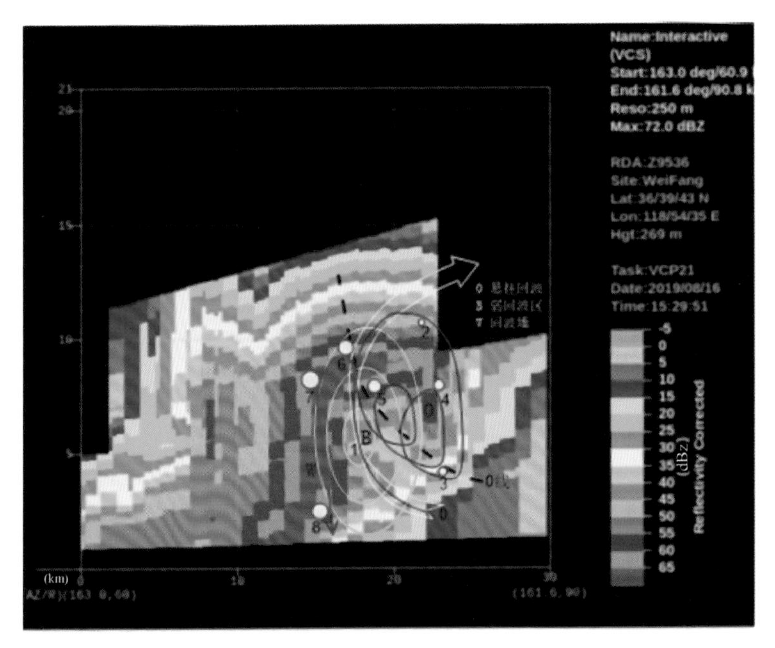

图 4.38　在零线结构及其效应作用下，一个大雹形成中的运行增长轨迹
（图中黑断线是零线）

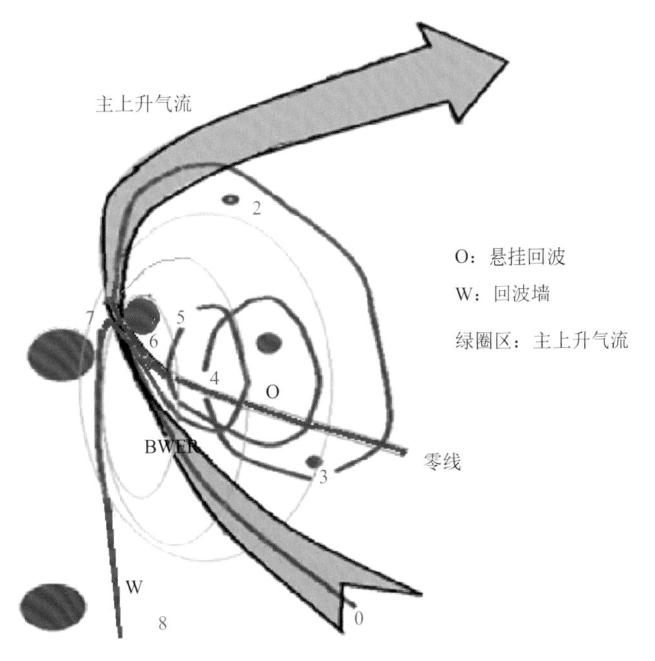

图 4.39　依照零线效应勾画出的大雹运行增长轨迹与回波特征配置的说明图

增长成大冰雹，而且 6 的位置已越过最大上升气流的中线，这里的局地上升气流开始小于冰雹的落速，已无力将其继续兜住，大雹从 7 直落到地面 8，形成回波墙。

从观测分析得到的诸城雹云特征剖面上的零线结构及依照零线效应分析给出的大雹运行增长轨迹与回波特征配置来看，场间对应是与理论提炼给出的模型结构相一致的，也与模拟再现的特征图像是相互印证的。

4.10 小结

(1)雹云云体存在着零线、零线结构和零线结构效应，使其具有成雹功能。

(2)大雹形成的路径可以是在云中一上一下型的。有时其路径甚至可以从主上升气流顶下落。这样的冰雹运行路径对云体宏微观场间的配合要求很苛刻：雹块需“恰好”处于落速与上升气流相平衡，属于特殊途径；而进行循环运行增长的条件较为宽松，零线结构及其效应可从多方向动态地“兜住”冰雹，是大雹形成的主流途径。

(3)大雹的形成

由于零线结构跨越主上升气流区并伸展到最大上升气流顶端，这里温度低，水汽、水凝物供应充足，成为一个冻并—凝冻增长的极佳环境，非常有利于大雹的形成。

(4)雹块分层结构

冰雹在循环运行增长过程中，因位置随时间变化，流场、温度场、过冷水含量场的不均匀等，冰雹捕获过冷水量、冻结潜热释放量及环境向雹块传输的冷量间的多因素变化，雹块可以呈现出干、湿生长状态的交替，导致冰雹出现了径向分层结构。

(5)零线结构与其效应的强弱

1)上升气流速度大，能兜住大冰雹；

2)上升气流速度梯度大，能托住在水平移动中快速增长的冰雹；

3)过冷水含量大，环境温度低，冰雹增长率大；

4)上升气流、水平气流速度值及梯度，温度场及过冷水场等，配合默契，粒子进入后长不大出不去，对大粒子的聚集能力大；

5)如上所述，零线结构之所以具有兜雹成雹功能，是大粒子的运行增长轨迹处于循环状态，可以被零线兜住及圈在大雹形成区中。一旦这样的结构或场间配置遭破坏，就打乱了冰雹形成的进程；

6)由于动力扰动应力场能抑制和扭曲背景流，破坏了原来各场间相互作用的动态平衡，使原本能兜住的、可望长成大雹的大雹胚提前落下，在途中融化为雨，或者说可把成雹零线结构弱化为成雨零线结构。

(6)2020 年新型冠状病毒大流行，人们也看到有的大冰雹具有类似于新型冠状病毒的外形，见图 4.40。其实，这样外形的大冰雹在过去是经常被观测到的，不是 2020 年的“特产”！

这样的冰雹外形，是在冰雹湿增长情况下，一些来不及冻结的水膜，在雹块边旋

图 4.40 (a)具有似新型冠状病毒外形巴掌大小的大雹块,(b)屋檐冰挂

转边下落中,雹面上过冷水膜一边被甩出一边被冻结冻结而形成尖状冰凌。类似于大雪因融化后,一部分水在房檐下部分再冻结时形成的冰挂。

综上所述,有一点是明确的:即不论哪种方式的大雹的运行增长轨迹,它们皆是沿着或围绕着零线,可见零线结构及其效应在操纵着大雹形成的运行增长轨迹;而大粒子群的运行增长轨迹群的时空状况又在雷达回波强度场中呈现为 O 悬挂回波-B 有界弱回波区-W 回波墙等雹云回波特征结构。展现出了雹云内各参量场的特征和场间关系,明确这些特征和场间关系是重要的,因为在后续 2 章论述中要用到这些雹云物理学方面的进展。

第5章　动力扰动效应表现和理论提炼及其物理-数值模型

从爆炸物理学可知，爆炸产物有多种，研究表明冲击波及强声波所含能量占主导。本章仅简要介绍冲击波、高速飞行扰动和强声场的相关研究结果。

5.1　理论提炼的依据：外场防雹实践—实验—试验结果

首先，得去理解从第3章中基层防雹实践归纳出的要点、精华提炼、存在难点等各项所蕴含着的物理意义，寻找其内在联系，为理论提炼做准备。

如何来理解对流云体可以在10 min被打散？

高炮炮弹在高速飞行到达上空云内爆炸，产生飞行和爆炸动力扰动；

火箭起飞后在加速中高速飞行，也有飞行动力扰动（9394型）及火箭到高空后爆炸。飞行和爆炸动力扰动两者形成产物的方式上有区别，但皆具有动力扰动。

对流云能在10 min内被打散，意味着飞行和爆炸动力扰动起作用的速度是很快的。

云中的毫米级粒子群的末速可达到3～5 m/s，10 min（600 s）在静止空气中落下的距离也就是3000 m左右。

这么快的云中的毫米级粒子群的反应速度，用水凝物粒子群的微物理效应是难以理解的。经BIN模式模拟，在雹云的优越条件下播撒人工冰核可在7～9 min能形成毫米级大小的雹胚，再用冰雹运行增长轨迹模式模拟来估算，从尺度为毫米大小的雹胚长大为1 cm左右直径的冰雹最短还再需15～20 min，所以说播撒作用是个慢起效过程（起效时间几十分钟）；动力效应是场作用，是个快过程（起效时间几分钟）。我国防雹实践中所呈现出的云中的毫米级粒子群现象是快的，因而应是动力效应的反映。

反过来看，如果不是在作业后几分钟就能快速起效的动力效应，而是慢速的在作业后几十分钟才起效的播撒效应，那么作业保护区就不会是作业点周围的几千米范围内的区域，而这里应是“灯下黑”区。这与第3章中的实践保护区的结果“南辕北辙”。这是反证！

这里强调的“快”，是相比播撒这类慢作用快，即慢过程起效时间是几十分钟，快作用起效时间是几分钟。但是，相对于爆炸和超马赫数的高速飞行产生的冲击波所具有的“瞬时”性特征来，这个几分钟的起效时间还是太慢了。看来，不像是冲击波的直接作用，这是否预示着还存在另一类“高速空气动力学与低速空气动力学”间的间接作用的途径呢？

为了获得对动力扰动作用“立竿见影”式的认识，组织了外场炮击对流云的试验。

关键词:快。

5.2 外场炮击对流云试验

地点:河北涞源县艾河村。

时间:1998年夏。

图5.1是依照炮击对流云试验时取得的系列相片加工组合而成的。图中箭头表示云体发展后下沉,数值是时间,单位是分钟(min)。

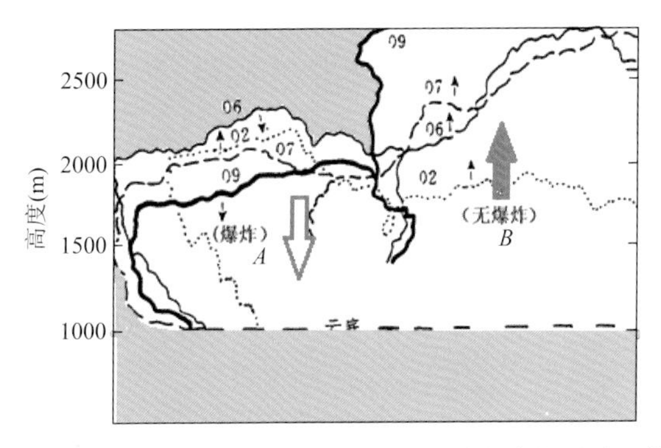

图5.1 艾河村炮点炮击对流云(A)后先发展再衰弱,未被炮击的对流云体(B)一直在发展着

关键词:抑制。

在另一组炮击对流云试验中,拍摄到炮击前后云体的消散过程,云体消散中出现了云体分裂、旋转现象(图5.2)。

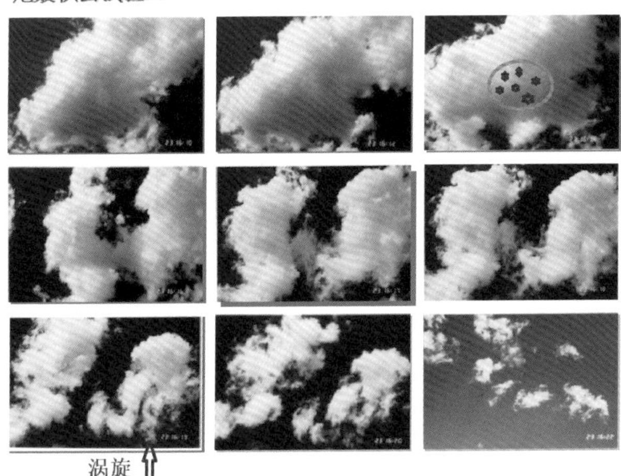

图5.2 1998年夏,河北涞源县艾河村炮点的6发"三七"炮弹在云中爆炸后,云体分裂、起涡、消散的系列照片

关键词:起涡。

5.3 雷诺方程及其功能

雷诺(Reynolds)方程:是在低速空气动力学中是描述基本流与扰动流相互作用的基本方程。既然如此,就应该去考察一番雷诺方程的功能及应用条件。

雷诺方程中,左边第一项是基本流的局地时间变化项,第二项是平流项;其右边第一项是气压梯度力项,第二项是分子黏性项,第三项是扰动速度应力项,第四项是重力和负载项。

借鉴湍流研究中扰动场与基本流相互作用的雷诺方程(Reynolds):

$$\frac{\partial u_i}{\partial t}+u_j\frac{\partial u_i}{\partial x_j}=-\frac{1}{\rho_a}\frac{\partial p}{\partial x_j}+\frac{1}{\rho_a}\frac{\partial}{\partial x_j}\left(\mu\frac{\partial \mu_i}{\partial x_j}\right)-\frac{1}{\rho_a}\frac{\partial}{\partial x_j}\overline{\rho u'_i u'_j}-g(1+\zeta)\delta_{i3}$$

式中,带“$'$”的量是扰动场的量,以与基本流的量相区别,ρ_a 为空气密度。右边第三项 $\frac{1}{\rho_a}\frac{\partial}{\partial x_j}\overline{\rho u'_i u'_j}$,如 $\tau_{ij}=-\overline{\rho u'_i u'_j}$ 是雷诺应力,则改写成为:$\frac{1}{\rho_a}\frac{\partial \tau_{ij}}{\partial x_j}$;而重力和负载($\zeta$)力项,$\delta_{i3}$ 当 $i\neq3$ 时取零,当 $i=3$ 时取 1。

现在关注的是全方程第五项或方程右第三项 $\frac{1}{\rho_a}\frac{\partial \tau_{ij}}{\partial x_j}$ 对 $\frac{\partial u_i}{\partial t}$ 的作用。

只要雷诺方程中的右边第三项不为零且局地不均匀,就会导致局地基本流加速或减速(推拉),拓宽流动的速度谱;扭曲(转向)形成涡旋,基本流向涡旋流转化。

看来,运用雷诺方程来描述局地动力扰动场与基本背景流场的相互作用是很有希望的。

5.4 对雷诺方程功能的实验佐证

雷诺方程是否具有描述基本流(或称背景流)与扰动流间的相互作用的功能?为了直观地对雷诺方程这一功能图像能有些轮廓性了解,本书列举了清华大学的王连泽教授等的实验研究结果(王连泽 等,2000),这也是一个对雷诺方程的佐证事例。实验是通过测量声场对背景流的雷诺应力效应来显示出声扰动如何来抑制基本流速和激发出次级流的。现简述如下。

声波是纵波,是规则的振动。它具有拟湍流效应(许焕斌 等,1985),是扰动场,其扰动速度的 2 阶矩平均值 $\overline{u'_i u'_j}$ 不等于零,不均匀的扰动场也应有扰动应力场存在。所以,声场与平均流相互作用的实验表现,应能体现雷诺方程的功能。可以用其实验结果来检验雷诺方程的可信性(图 5.3、图 5.4)。

声振的作用还可能是抑制背景上升气流(扩大速度能量谱宽度)。

关键词:平均流速度减小,脉动流速度增大。

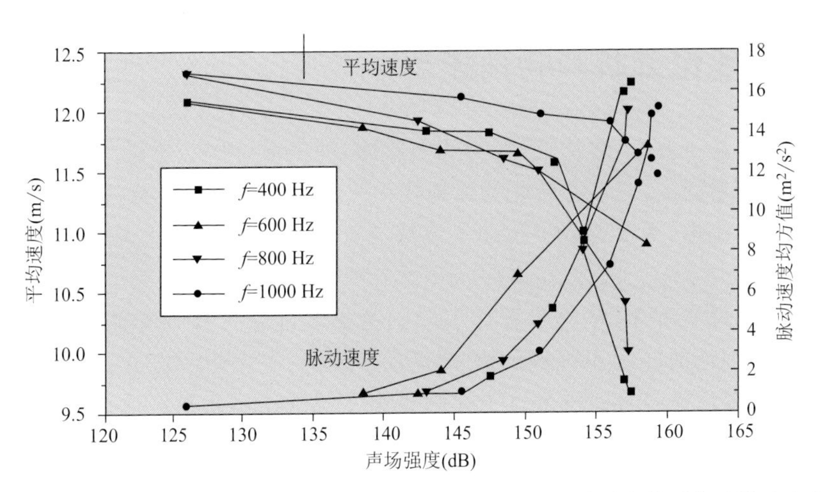

图 5.3　在速度为 12 m/s 的一维气流中不同强度和频率的声行波诱发的平均及脉动速度变化

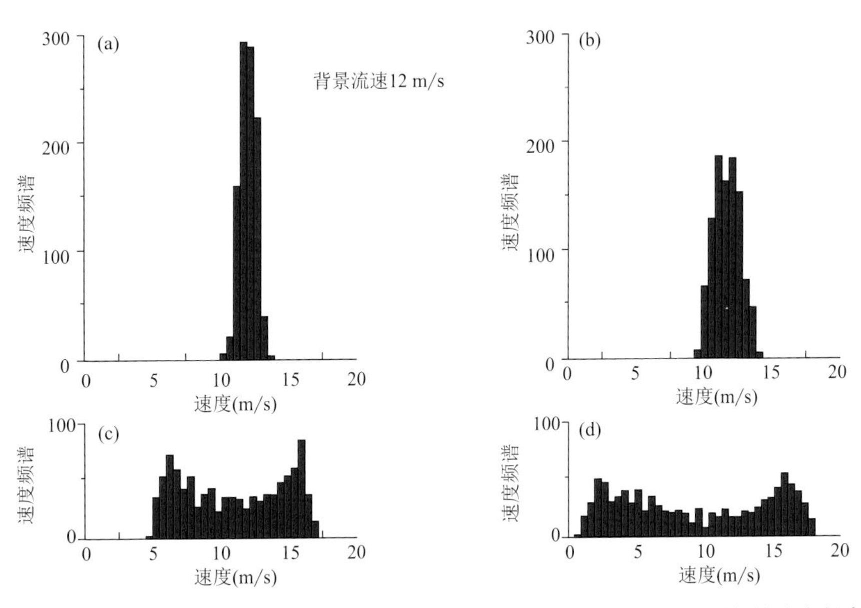

图 5.4　在速度为 12 m/s 的一维气流中，频率 600 Hz、强度不同声行波时测得的速度频率谱

(a)未知声场(噪声)；(b)138.5dB；(c)153.3dB；(d)158dB

应当提及的是，声振动的拟湍流比拟作用，不仅可以使流动在流态上具有类似的湍流性质，而且可以表现在湍流效应上，例如声场的引入可增强粒子间的湍流碰并过程。

关键词：在声场的作用下，流动谱加宽，流动尺度从窄谱流转变为宽谱流。

上述实验结果与雷诺方程的功能表现一致，的确能描述基本流与扰动流间的相互作用。

5.5 理论分析和物理模型

爆炸的产物主要有：爆炸气体，爆炸飞溅物，冲击波，声波，扰动气流场。考虑到前三种产物是瞬间的，它们会转化为局地扰动气流场和非均匀声场，能起主导作用的应该是扰动气流场，本节着重于扰动气流场与背景流的相互作用。声场的影响将在附录中介绍。

从爆炸物理学可知，空气中爆炸引起的冲击波能量占爆炸释放能量的 90%以上，冲击波会被耗散转为不规则的涡-热运动。按“三七”弹中装 60 g 纯化黑索金估算，绝大部分爆炸能量分布于炸点 100 m 以内。

冲击波在耗散中把能量转化为气流扰动能时，形成一个非均匀的中心强、四周弱的具有强梯度的扰动气流场。这种强不均匀扰动气流场中蕴藏着强扰动应力场，它与基本气流场会有相互作用。二者是如何相互作用的呢？应当也只有用湍流理论中扰动场与基本流相互作用的雷诺方程来描述。

雷诺方程中雷诺应力场的表达式：

$$ep(i,k)=\frac{1}{\rho_a}\frac{\partial \tau_{ij}}{\partial x_j}=-\frac{1}{\rho_a}\frac{\partial}{\partial x_j}\overline{\rho_a u'_i u'_j}\quad i、j=1,2,3 \text{ 或 } x,y,z$$

式中，带“$'$”的量是扰动场的量，以与基本流的量相区别，ρ_a 为空气密度。$\tau_{ij}=-\overline{\rho u'_i u'_j}$ 是雷诺应力。

关键是如何拟建爆炸扰动场的雷诺应力场模型。

拟建的雷诺应力场模型是一个中心强度大，随半径增加而衰弱的扰动场(图 5.5)。

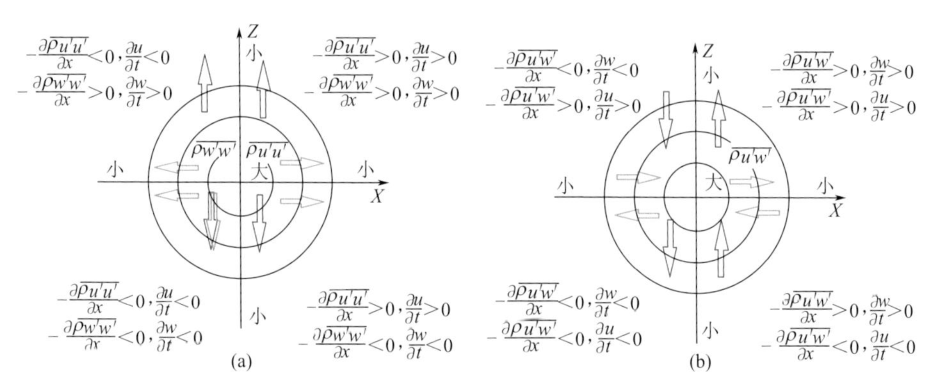

爆炸激起的扰动气流产生的量 $\overline{\rho u'w'}$ 和 $-\frac{\partial \rho u'_i u'_j}{\partial x}$ 的分布

在雷诺应力作用下背景流速度变化方向

图 5.5 非均匀扰动场形成的雷诺应力场对气流作用的示意图

(a)量 $\overline{\rho u'u'}$ 和 $\overline{\rho w'w'}$ 在炸点周围的分布及相应的应力场对基本流作用；

(b)量 $\overline{\rho u'w'}$ 在炸点周围分布示意图及相应的应力对基本流的动力作用

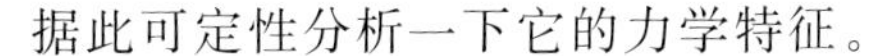

据此可定性分析一下它的力学特征。

从对图5.5的整体力学特征图像来看，非均匀扰动场形成的雷诺应力场对背景气流起着推挤和扭曲作用，从而抑制了背景流。

爆炸或高速飞行产物对背景流场的影响途径是：爆炸（瞬时）产生局地扰动场（可维持一段时间）；局地扰动场所产生的雷诺应力场再对基本流进行推挤和扭曲，从而可在原来的均匀（或静止）场中产生涡旋对；而在已存在的对流环流中激发次级流动，改变了对流流态。这就是瞬时爆炸（或高速飞行产物）产生的动力扰动场，如何来影响背景流场的物理过程或途径。

关键词：瞬时爆炸，非均匀扰动场，雷诺应力场，涡旋运动，平均流减小＝扰动流增强。

5.6　模式和数值模拟再现

鉴于利用所提炼的物理模型、数值模式已成功再现不同类别的、各式各样的观测及试验实例，并在《人工影响天气动力学研究》（许焕斌，2014，2017）中做了详细介绍，此节仅提供四组无需解释一看就明白的模拟再现图像（图5.6—图5.10）。

（1）起涡（tt：x，x 表示模式输出的时间顺序号，如 $tt5$—$tt9$）

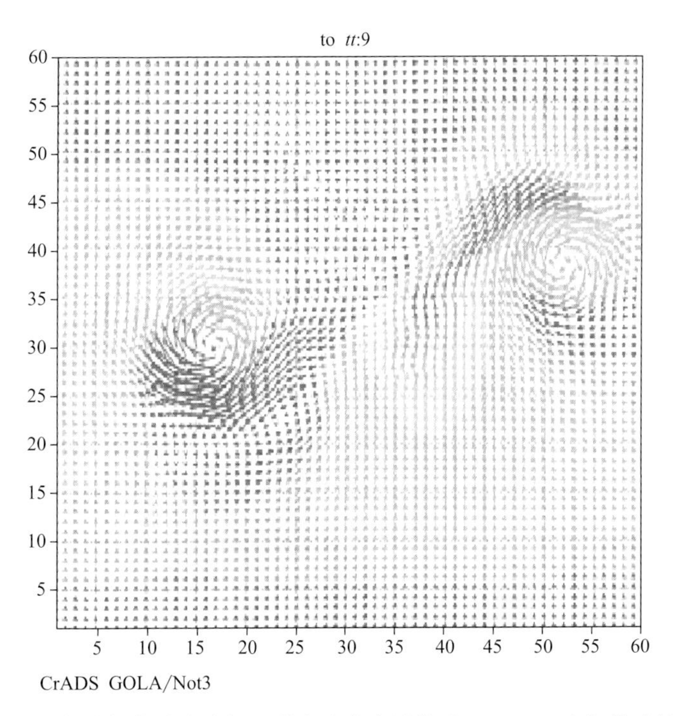

图5.6　在静止大气中加扰动应力场后激发出非常涡旋对（$tt5$-$tt9$），未加扰动的是静止大气

(2)再现飞机穿云涡旋

图 5.7　飞机穿云时激起的云沟

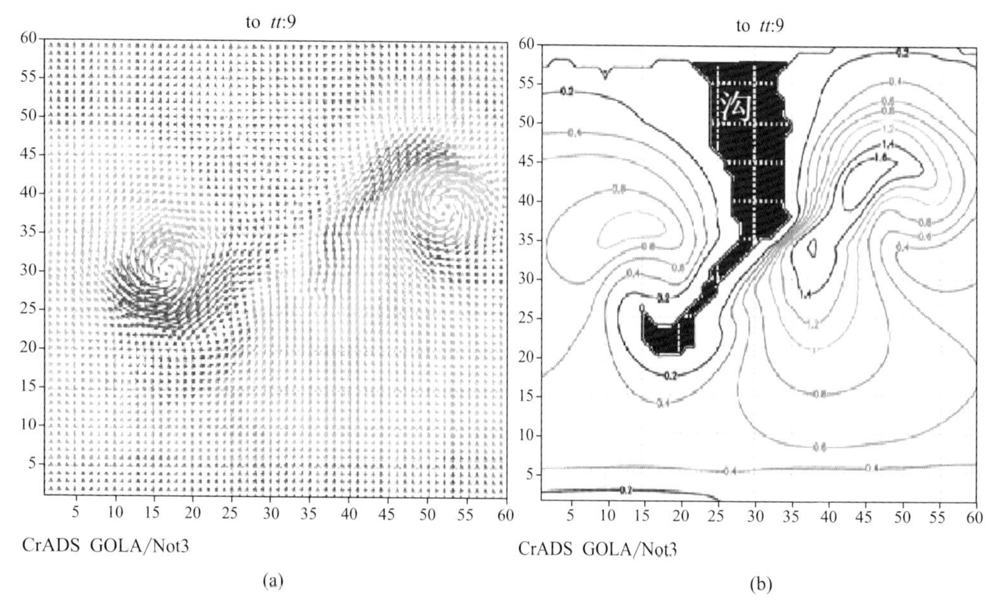

图 5.8　模拟给出的云沟和沟内流场,加动力扰动应力场作用的云场及流场 x-z 剖面

(tt:9 表示模式输出的时间顺序号,(a)是流场,(b)是云水比含量,其中云水比含量为零的区域是云沟。横坐标:模式水平格点数;纵坐标:模式垂直格点数)

(3)云中爆炸

未加云中爆炸引起的人为扰动应力场的自然算例和加了云中爆炸引起的人为扰动应力场的算例,见图 5.9。

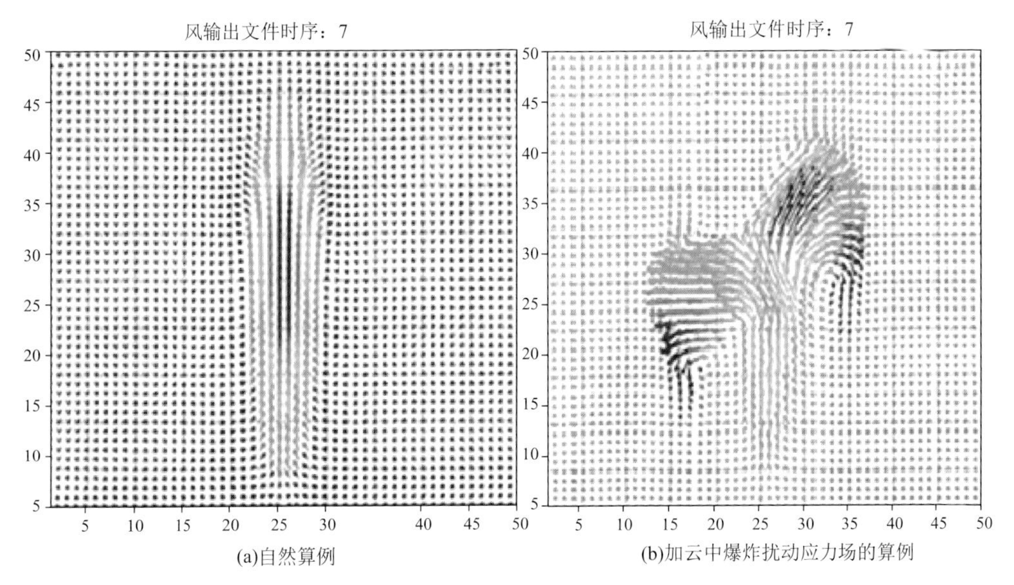

图 5.9　未加扰动应力场的自然对流流型(a)与加人为扰动应力场作用的对流流型(b)

(横坐标：模式水平格点数；纵坐标：模式垂直格点数)

自然算例与加人为云中爆炸引起的人为扰动应力场算例的垂直气流速度分布有巨大的差异，不仅最强速度圈由 700 cm/s 减小到 500 cm/s，而且所处位置也有大幅移动。从而破坏了原有的大粒子落速与上升气流场间的配置关系，变更了其运行增长轨迹。

(4)火箭穿云

针对火箭高速飞行的特点，也模拟了火箭能造成的动力扰动效应，从图 5.10 可

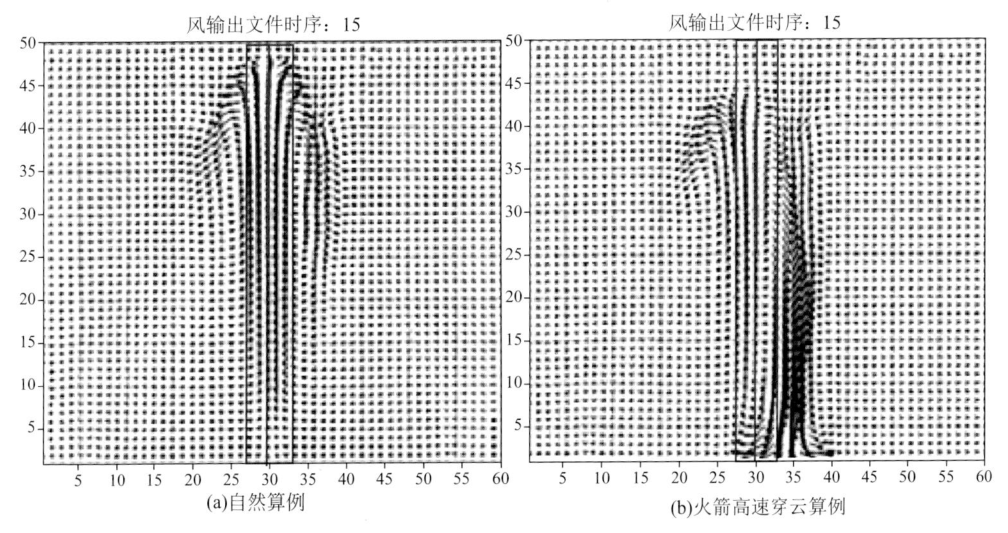

图 5.10　火箭高速飞行穿过云体后的动力扰动效应对流场的影响

(横坐标：模式水平格点数；纵坐标：模式垂直格点数)

见，自然算例与对比算例的结果显现出火箭飞行具有与爆炸、飞机飞行等动力扰动的同样效果反映，特别是，使自然流型右侧发生明显变化。

关键词：模拟再现了观测、试验和试验结果；验证了扰动应力场的合理性。

5.7 外场效应测试

地点：寿县火箭动力扰动效应外场测试（编号：20150815）。

时间：2015 年 8 月 15 日，07：00—09：00。

火箭发射点：对准 C-MFCW（C 波段连续波变频）雷达，位于正北约 1.93 km 处，火箭射角约 60°；发射时间：7：52：49，射 2 发。影响到 C-MFCW 雷达波束的高度约为 3.3 km。

根据“98”火箭弹道参数，在火箭 60°仰角，水平距离 1.93 km，高度 3.2 km。

试验目的：观测当火箭飞越 C-MFCW 雷达波束后，能否察觉到附加涡旋运动的信号。

外场测试的布局和方案见图 5.11。

从图 5.11b 可见，在主功率谱图两侧各出现了正负速度带，系涡旋流型信号，预示激发出了新的涡旋。

图 5.11c 中出现的谱宽向上升区伸展（左侧），达到 10～20 m/s；向右侧也看到伸展，在 20 m/s 左右。这个速度不是火箭本身穿过波束的反映，它比火箭的垂直速度小一个量级，而且回波不强，也不应是火箭的反射回波，应该是火箭激发的气流涡旋的反映。而且在速度图上看，并没有出现速度折叠现象，谱宽的展宽是可信的。

是不是正好鸟群飞过波束造成的呢？不是，因为鸟的飞行上升速度达不到这么大，也不可能在出现上升时出现下沉。

关键词：火箭高速飞行可形成类似的起涡作用。

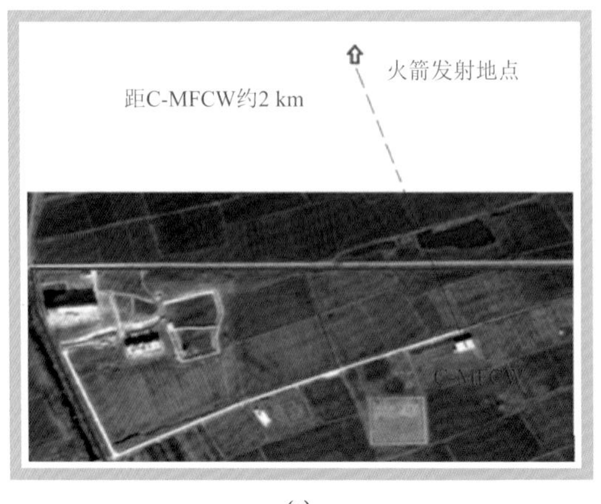

(a)

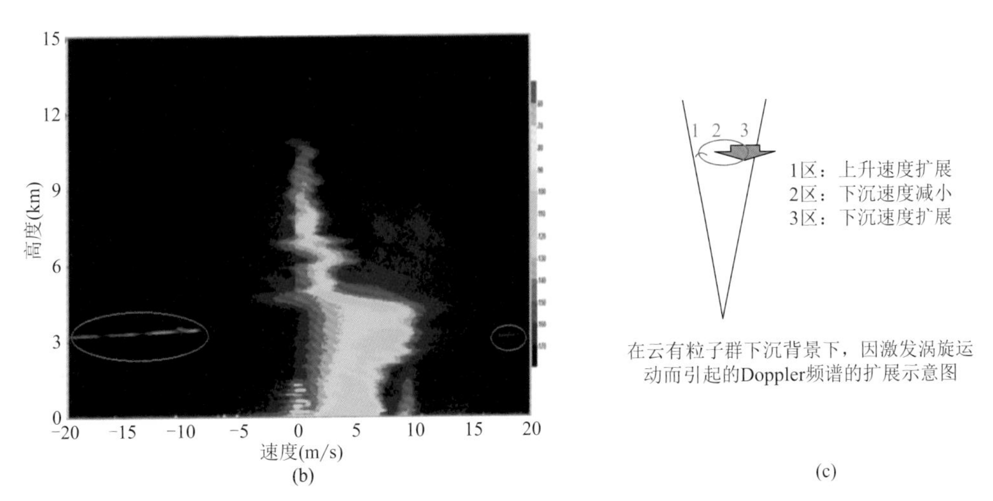

图 5.11　火箭与 C-MFCW 雷达布局(a)；当火箭飞越 C-MFCW 雷达波束后观测到的多普勒速度功率谱图(b)；被激发出的涡旋上下运动引起多普勒速度功率谱左移右伸示意图(c)

5.8　雷响雨泻佐证

人工触发闪电与降水倾泻。

人工触发闪电后降水猛增的观测事实见图 5.12(红三角为触发闪电时刻)。

注意：引雷后 5 min 飙升到峰值在闪电后约数分钟，闪电通道附近降水强度猛增，即所谓的降水倾泻(张义军 等，1995)。

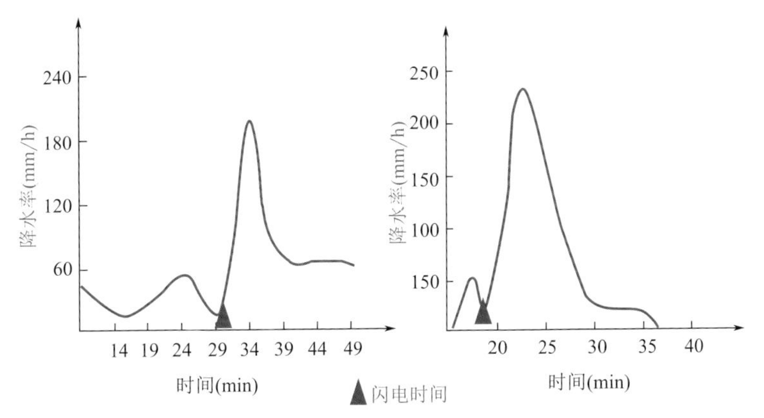

图 5.12　人工触发的闪电后出现了“雷响雨泻”例图——闪电发生后降水率随时间的变化曲线(吕伟涛 PPT)

人工触发的闪电可产生剧烈的动力扰动场，理应对云体中的主上升气流有抑制作用，导致阵雨零线结构的变弱，不能再兜托住雨盆中的存雨，形成雨泻。

关键词：人工触发闪电；人工施加动力扰动。

5.9 小结

(1)动力抑制效应。加动力扰动，能够在准静止或弱运动大气中激起涡旋对；能够通过推挤扭曲对流环流，抑制背景流，激发次级涡旋流。抑制主上升气流是由于流态的改变，而不是能量上的抵消所致。

(2)动力扰动的抑制过程是，高速爆炸(瞬时)产生局地扰动场(可维持一段时间)；局地扰动场所产生的雷诺应力场再对基本流进行推挤和扭曲，从而可在原来的均匀(或静止)场中产生涡旋对；而在已存在的对流环流中激发次级流动，改变了对流流态。

由于爆炸效应的作用时间太短、作用空间过小，“抑制”不可能是直接爆炸(瞬时)力学效应的作用，需要有个高速空气动力学效应向低速(大气)空气动力学效应的转化环节。

(3)模型中所使用的雷诺方程和雷诺应力项，有一系列的假设要满足：如应用了随机过程的微分定理，导数的平均值等于平均值的导数，流体不可压缩等。这样的条件在爆炸和高速飞行情况下是不能满足的。然而，估计这个方程还是可以用在本书研究中的。理由如下：

1)虽然冲击波是高速流现象，经过大气时有压缩，但冲击波过后即回到低速状态，仍可认为是不可压缩流。

2)随机过程的微分定理可否适用，主要涉及的是导数的平均值是否等于平均值的导数，只是影响到导数场的值大小及其局部细分布，不太可能改变大局。有鉴于此，在爆炸已演化为扰动应力的情况下，雷诺方程才可以用来研究扰动流对基本流的作用。

3)从模拟再现的图像看，不仅在整体上再现了观测得到的主要特征，而且也再现了具有深层物理含义的细节。如模拟再现图5.7中飞机穿云时激起的云沟的图5.8，不仅直观明确地再现了飞机穿云飞行云沟及相应流场，还模拟出涡旋轴是与飞行方向平行的；这是与飞机射流激起的切变涡旋轴方向垂直于飞行方向有性质上区别的标志。再有，对火箭穿越对流云的模拟抑制效果(图5.10)明显弱于云中爆炸的抑制效果(图5.9)，这佐证了基层防雹实践中的举措：防雹还是高炮好，火箭要顺着雹云的来向发射，等等。这些精细的模拟能力，不仅显示出物理模型及数值模式的合理性，也体现出模型-模式的准确性、可信性。

(4)还有一些疑问：既然有“抽刀断水水更流”，难道不会有“扰动切流涌更猛”吗？“抽刀断水”和“扰动切流”皆是对水流或气流局部加入了动能或阻力，所以会发生短时的反抗，激发出一些“水更流、涌更猛”的斑点应是必然的。但这不是对主流而言，而是在微局地与瞬短时内出现了流动的加强现象。它们的出现不仅是使外加的能量转化为扰动，也能促使大尺度流动向次尺度涡动的转变，从而强化了扰动场，弱化了基本场；而且扰动场越强，对基本场的扭曲作用就越大。总效应还是抑制了主体流动(许焕斌，2017)。

在图6.5中，炮击后云体回波顶高(0 dBz，红线)比自然云回波顶高(0 dBz，紫线)先短时抬升再迅速下降，就是此论述的佐证。

(5)高炮炮弹高速飞行到达上空云内爆炸，产生飞行和爆炸动力扰动；火箭起飞后在加速中高速飞行，产生飞行动力扰动；人工触发的闪电也是施加动力扰动的另一种手段。这三者形成产物的方式上有区别，但皆有动力扰动。由于这样的动力扰动场是极其不均匀的，其空间梯度就形成了局地雷诺应力场。同理，不均匀声场中也会处在雷诺应力作用下。在雷诺应力场的作用下，通过去推挤扭曲背景流，使背景流向涡旋流转化，从而抑制了背景流场的强度、流态及有序性，减弱了零线结构的成雹效应，并使涡旋流加强。

对于群发的炮弹和多箭齐射，人为加入到云体的局地扰动场，大约能够达到百米量级。这个尺度与一些外场试验中观测到的涡旋-扰动尺度相当。

关键词：抑制气流；物理模型合理；模拟再现了已知的观测现象。

第6章　中国防雹实践中蕴含的防雹新理论及新机理

通过前3章对我国防雹实践的了解、分析、消化和综合，明确了中国防雹实践中的举措、流程和成效；继而在第4章雹云物理学研究中得到的新进展：零线结构及其成雹功能；在第5章动力扰动效应的机理探索中得到的新发现：得出了局地动力扰动场对云体流场具有抑制效应的结论。有了这样的实践和理论基础，本章就有条件来提炼中国防雹实践中所蕴含着的防雹新理论及新机理了。并能建立起我国的雹云物理—爆炸物理相耦合的防雹新理论，并给出其中的动力学机理。

如果人们找到了我国防雹实践中包含的科学原理及举措依据，就能掌握其要领，优化其流程，察觉其缺陷，克服其难点，完善其体系。

6.1　局地动力扰动场对云体基本流场具有抑制效应

明确"局地动力扰动场对云体流场具有抑制效应"是一个关键的结论。防雹增雨就是如何运用好"抑制"去控制强对流云向雹云演化的走向。

为什么呢？就是冰雹云是对流云发展过强的结果：使降雨变成降雹，使喜雨变灾害。一旦有办法去抑制对流云过度发展成冰雹云，岂不是找到了防雹的"根"吗？有了这个"根"，就可以一目了然地看出种种防雹假说中的"空、假、疵"何在了。

其实，万物皆有生、长、衰、消，这是自然控制法则的体现。换句话说，开始"生"就播撒了"消"的种子，一旦"长"就蕴含了"衰"的因子。有了"扬"又有了"抑"这两手，才可能实现有序的进程控制。这是"控制论""工程控制论""自然控制论""社会经济控制论""认识控制论"等控制论的精髓：正馈与反馈；也是实现人工影响天气的必循法则。

值得庆幸的是，对防雹来说，不需"抑、扬"两手都得硬，有"抑"这一手硬，就能控制强对流云过度发展形成冰雹云了。

6.2　如何运用零线结构对动力抑制效应的适应

(1)动力扰动形成的雷诺应力场能够在云内激发涡旋对，它与云中背景流的叠加，会出现局地强化，这印证了雷达观测到作业后的短时云顶升高的现象。贵州还利用它来对弱对流云进行"养育"。但这样的精确作业，使涡旋对的上升区与云体中的

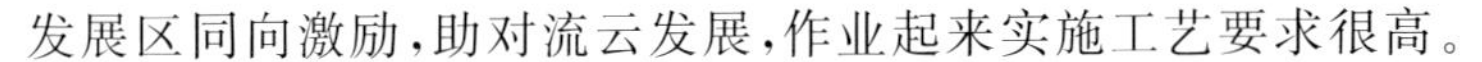

发展区同向激励，助对流云发展，作业起来实施工艺要求很高。

(2)抑制强对流云进一步发展，使零线结构不强化为冰雹零线结构。

(3)对已形成了的冰雹零线结构，用“抑制”措施打“漏”它或弱化它的强度后变为阵雨零线结构。

(4)抑制强上升气流使垂直流管变粗、流速变小。

(5)适时释放云中积累的雨、冰粒子群，减轻负载力和其拖曳力，防范强下沉气流过早爆发，压灭云体的主上升气流，导致主云体的垮塌，等候诱发的新对流子云发展，延长对流云体的生命。

(6)对流云增雨

对流云是丰水的云，扩大对流云增雨，看来不单是强化对流云的强度去增加水汽量供给，而是提高其云—雨转化效率，为什么？试看图6.1，云体的降水效率是与云中特征上升气流速度成反比的。如果把孤立冰雹云流型抑制弱化，云中已有的储水可望提高6～10倍的降水效率。

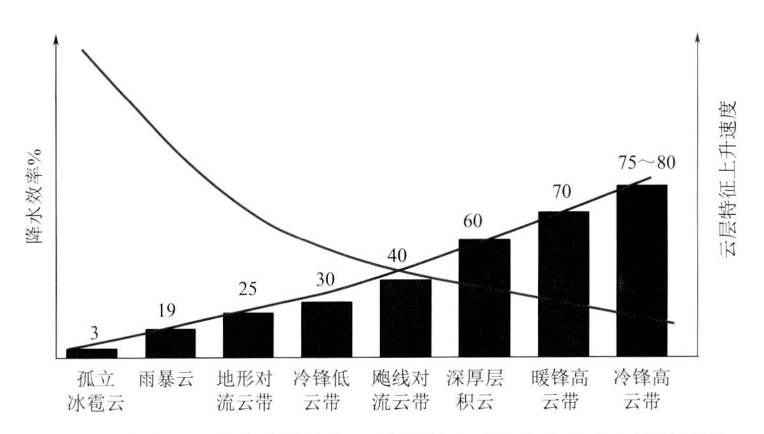

图6.1　各类云型的降水效率与云体特征上升气流大小的定性关系图

所以，对流云增雨的思路和举措应当是操控对流云特征上升气流强些或弱些的问题了。这一思路不仅适用于增雨，而且适用于不同目标的强对流云的人工影响活动，如图6.2所示，利用调节人为施加的抑制程度来达到防雹、卸雹等预期目的。

(7)实践的重要经验举例

1)在基层防雹实践中归纳给出的作业具体位置与作业预达目标的对应关系见图6.3。这可是从防雹实践中总结出来的举措。

图6.4则是从理论和模拟结果推出的各类粒子群所处零线结构区内的优势位置分布。图中标出的L、M、S位置仅是大、中、小粒子群的时空优势留存区，除特殊情况下(处处时时粒子落速与上升气流速度恰好平衡)，一般它们不是待在那里少动，而是在循环运行增长中进出往返于零线结构附近的“零域”。越大的粒子其运行增长轨迹

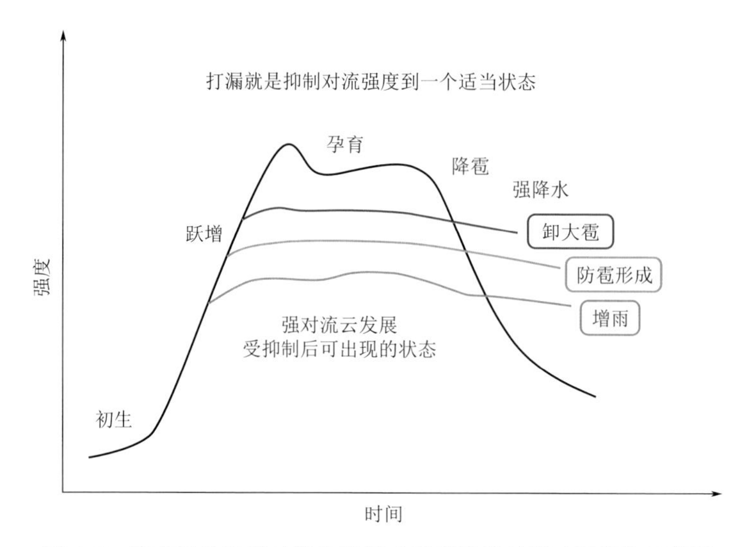

图 6.2 按不同的对流云作业目标来调节抑制对流云强度的示意图

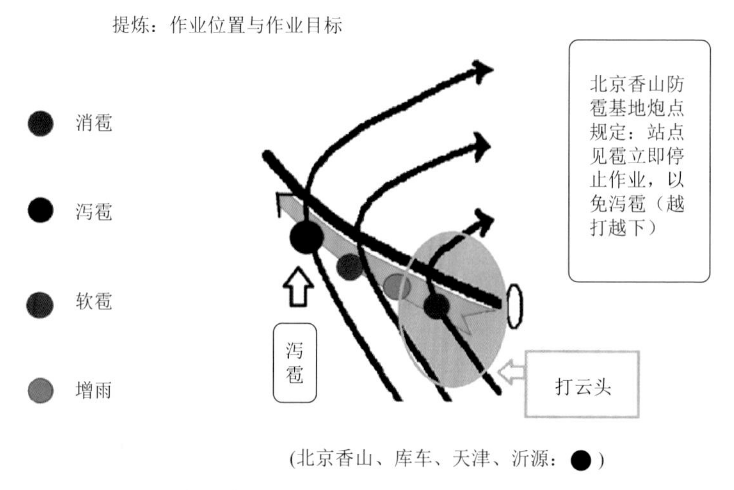

图 6.3 基层防雹实践中归纳出的作业具体位置与作业效果目标的关系图

会越靠近零线。因而零线效应区可以比零线结构区大。

对比图 6.3 和图 6.4，可以一目了然地看出两者几乎是完全一致的。实践与理论又一次得到了相互印证。

2)既然爆炸动力扰动的效应是抑制对流云上升气流。为此，凡是因由上升气流变弱而引起的现象皆是其效果的表现：

* 炮响(箭飞)云消，关键取证方式：摄像；

* 炮响(箭飞)雨落，关键取证方式：雨情变化；

* 炮响(箭飞)雨泻，关键取证方式：雨强变化；

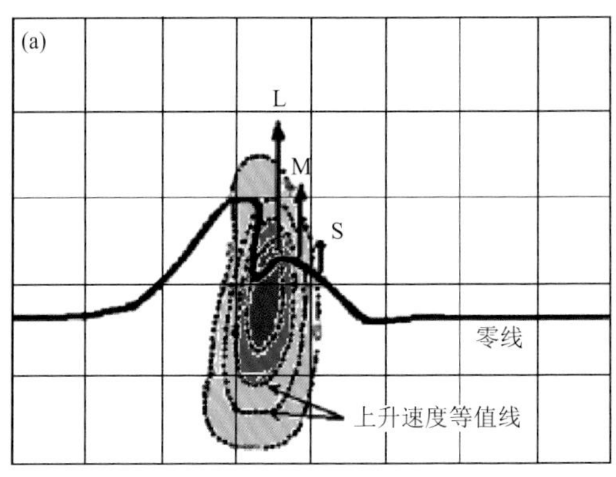

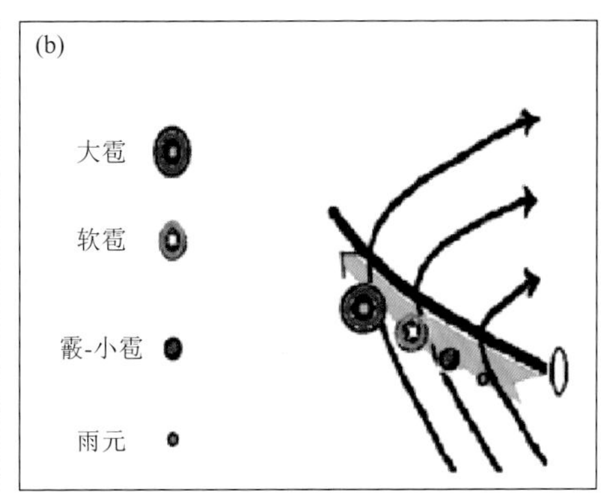

图 6.4　理论和模拟再现的零线结构区(a)内各类粒子群所处优势位置分布图(b)

* 炮响(箭飞)雹卸(硬、软),关键取证方式:雨雹降落变化;

* 炮响(箭飞)雹胚落,关键取证方式:降雨降雹取样;

* 炮响(箭飞)回波衰落,关键取证方式:雷达回波场随时间的演化;

等等。

上述种种效果表现已在多年多地的作业实践中得到了众多实例佐证,而且在如何把握"制动"的作业流程、"火候"及实施工艺上多有积累,请再细看图 6.2。

李斌(2020)在《人工防雹作业效果物理评估方法运用初探》一文中,没有把防雹作业后的回波顶短时抬升和卸雹列为效果,得出的评估防雹有效率为:五家渠的值是 75.0%,昭苏的值是 38.9%;当把回波顶短时抬升也作为正效果时(图 6.5),五家渠

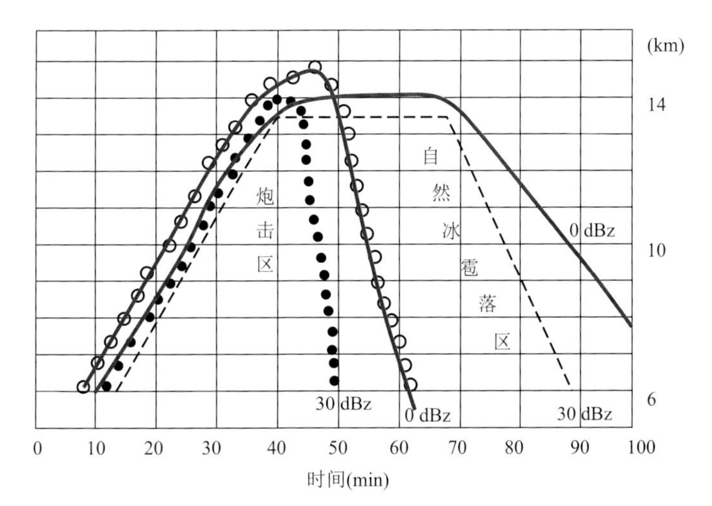

图 6.5　炮击后云体回波顶高(0 dBz,红线)相比自然云(0 dBz,紫线)先短时抬升再迅速下降(李连银,1996)

的有效率提高到 83.3 %，昭苏的有效率升到 50%；再考虑到昭苏地处国境突出位置，入境雹云已携带着大雹，在未设卸雹区的布局下，一旦作业就会促使出现人工卸雹，而作业后的卸雹是正效果，如果把作业后出现重雹灾数的一半归结为人工卸雹后，昭苏的有效率就升到 70%。

6.3 防雹作业实践举措与雹云物理及动力扰动效应的相容性对照

由表 6.1 看来，实践举措、雹云物理规律要求及加动力扰动后的效应表现几乎完全一致，表明在中国防雹实践中所采取的举措不仅符合雹云物理学与爆炸物理学耦合发展的新规律，还提炼出了具有原创性的防雹动力效应的机理。

表 6.1 防雹作业实践与雹云物理及动力扰动效应对照

项目	实践	雹云物理	扰动效应
1 雹云识别	凭经验	零线结构	-------------
2 防雹作业部位	云腰、云头	零线及其邻域	抑制对流强度
	闪电中心	零线结构区	弱化零线效应
	火箭顺着云的来向发射	顺穿零线	中止成雹流程
3 防雹作业时机	-------------	特征结构形成移入	抑制零线结构形成
			或弱化零线结构的强度
	禁止高仰角作业		
	或站点降雹时停止作业	防打漏零线大雹兜留段	防零线结构被破坏
4 防雹作业强度	打弱而不打垮	打漏而不打垮	把握抑制“火候”
5 试验性消云	炮击云体	破坏云体对流框架	抑制云垮
6 增雨	化雹为雨	控制对流强度	转成雹零线结构
		提高降水效率	为成雨结构

6.4 河北雹云及防雹概念模型简介(2020 版)[①]

(1)2000 版雹云概念模型

以往的雹云概念模型主要着眼于标量(比湿、云温、上升速度)场极值及场值分布。河北省“九五”重大科技支撑课题提出的雹云“穴道—水平速度零线”概念模型 2000 版，则强调了流场与水凝物粒子场间配置与大粒子群运行增长状态的物理联系——特征结

---

① 改自段英执笔撰写的《太行山东麓人工增雨防雹作业技术试验示范-hbrywcsy-2017-00》项目验收技术报告。2020 年 12 月。

构和特征效应，说明了为什么这样的“穴道”结构具有成雹—兜雹的功能，见图 6.6。

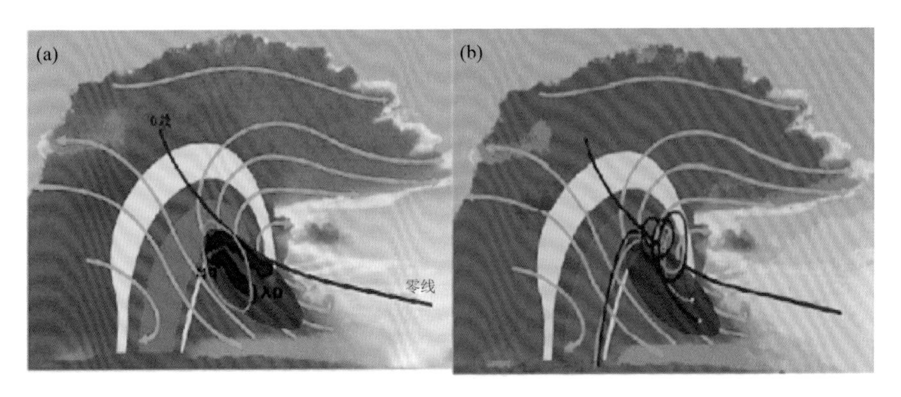

图 6.6　(a)2000 版河北省雹云概念模型，(b)“穴道”结构

该模型强调了流场与水凝物粒子场间配置特征是影响大粒子群运行增长成冰雹的物理原因：即特征结构和特征效应。图 6.6 中的“穴道”一般位于主上升气流边侧的主入流区和相对水平速度为零的零线下侧。这里是雹胚生长区，也是大雹形成的通道。

(2)河北省 2020 版雹云物理概念模型

在继承 2000 版“零线—穴道”模型的基础上，2020 年依据太行山试验中的观测事实，许焕斌、段英、吴志会等明确认识到“穴道”的成雹功能实质是零线结构及其效应的反映。为此，需着重去识别雹云的零线结构特征。

2020 版雹云物理概念模型中零线结构及各场间的配置：水平速度零线，其下入流顶其上出流底＋跨越并穿过主上升气流＋骑悬挂回波＋位于 BWER 顶边侧，见图 6.7。

依据太行山试验中范浩等(2019)、王建恒等(2020)采用双多普勒雷达和双偏振雷达同时实际观测分析的“5.12”“6.13”两次典型强雹云结构，在第 4 章中给出了邢台 2018 年 5 月 12 日雹云特征回波场为背景的实例结构图(图 4.5)。把这个实例结构图与概念模型图 6.7 相比虽然其基本结构相似，但有明显差别。例如，邢台实例结构图 4.5 中有一段零线接近直的，零线形式是直立-倾斜组合。既然是零线其水平气流速度近于零，而零线的两侧水平气流方向相反，从而是辐合或辐散中心，也是上升运动轴线(直立零线的特点参见图 6.8 及说明)。绕直立零线的粒子不会被水平气流吹离，但是在上升气流的中心，有上升气流兜着它，冻并增长条件优越，使冰雹继续在这里快速长大，增长方式是局地上升气流与雹块落速恰好是平衡的，雹块边增长边落入下面的上升气流核心区。虽然雹块具有直立的轨迹，没有明显的水平运行，不是时空循环运行的增长方式，但这确是最有利于大雹生成的一种情景。

所以，在应用概念模型中要注意与实例结构的差别，而且要以理解实例结构为主，概念模型只能在实例结构图中出现空缺是进行合理的修补作用；或在观测不到实

图 6.7 河北省 2020 版雹云物理概念模型

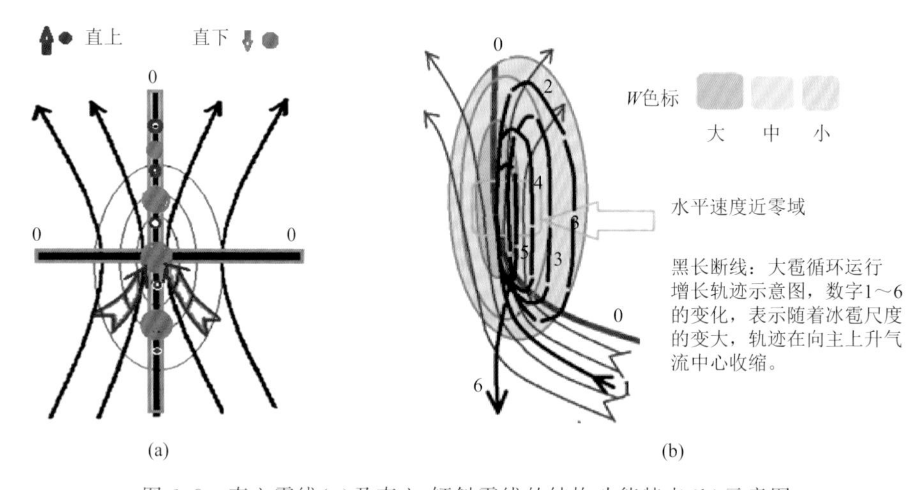

图 6.8 直立零线(a)及直立-倾斜零线的结构功能特点(b)示意图

例图像时有个轮廓性的参考。

直立对流云的直立零线结构的特点和直立-倾斜零线邻域的结构特点见图 6.8。直立零线对应着直立对称对流环流，而且往往是与强上升气流中心相吻合，还可呈现出十字形零线。水平零线下方是辐合上升，有把粒子向垂直零线聚集的趋势；水平零线上方是辐散上升，可是一旦粒子离开垂直零线，随着局地上升气流的减弱，它们会下落到水平零线以下后，进入辐合上升气流区，再次处于被兜向垂直零线。所以，有直立零线结构时雹块运行增长轨迹可以是近于直上直下的增长轨迹，不必有循环增长方式才能长成大雹；而在直立-倾斜组合零线结构时，倾斜零线的邻域兜集冰雹的范围会扩大，有利于循环增长的进行。

(3)河北省2020版防雹作业概念模型

从理论论证来看，播撒措施和动力扰动措施皆可能起到防雹效果(许焕斌，2015[J])，而且其作业部位皆应在“零线结构”区域。但从几十年各地实际显示，单就播撒防雹增雨起效的时空表现来看，都不能“自圆其说”，何谈可信性。如确有效，应当是动力制动效应。

依据雹云零线—穴道结构具有成雹功能的研究结果，结合多年基层防雹作业的实践，提出如下的防雹作业概念模型，见图6.9、图6.10和图6.11。

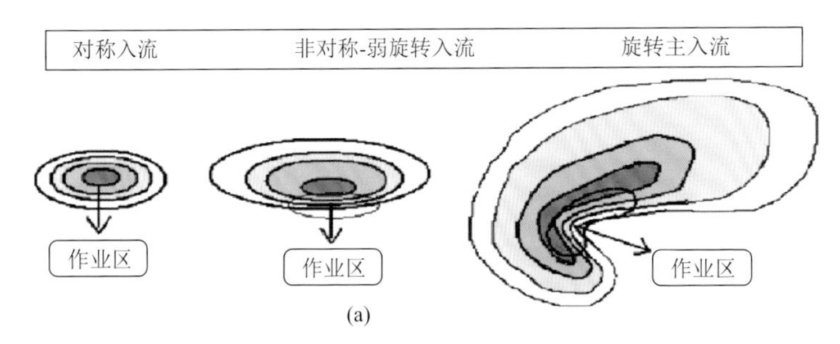

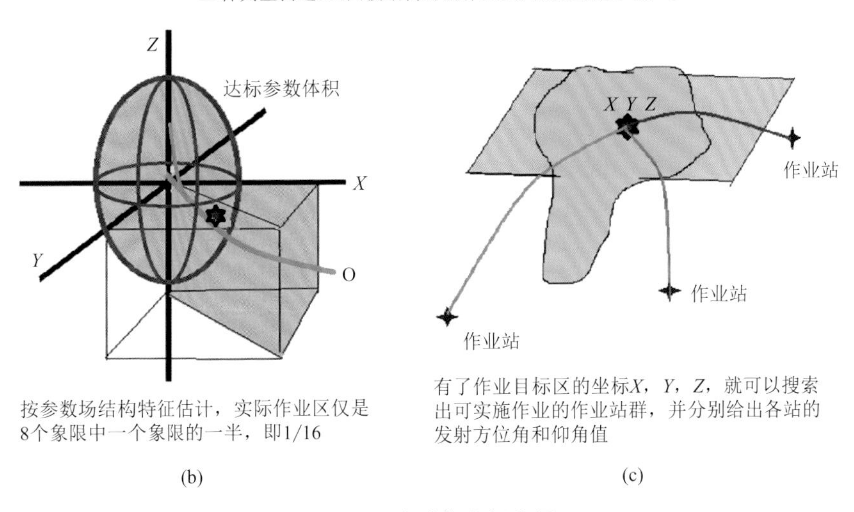

图6.9　防雹作业概念图

作业区域：零线、悬挂回波的成雹结构区(穿云头打云腰—零线入云处、云闪中心)。

作业时机：成雹结构形成时或移入时。

作业强度：抑制云体强度而不使云体垮塌，抑强扬弱，边看边打。

图 6.10 目视作业要领:穿云头打云腰——零线入云处示意图

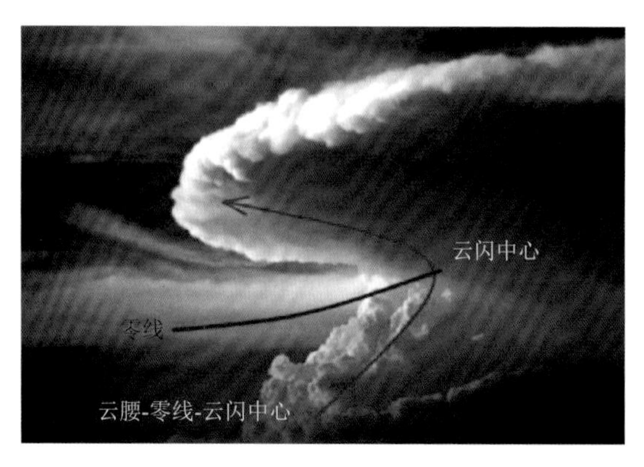

图 6.11 目视作业要领:穿云头打云腰——零线入云处,打云中闪电中心示意图

图 6.9a 依次显示的是三种典型雷达 PPI 回波结构分别对应的对称入流、非对称入流和旋转入流时的防雹作业区(部位)判别示意图。图 6.9b 显示的是作业区范围的确定:即按照参数结构特征估计,实际作业区仅仅是(达标参数体积)8 个象限中一个象限的一半,即 1/16。图 6.9c 是依据作业目标区的坐标 X、Y、Z,识别各作业站点的发射方位角和仰角值。作业区坐标 X、Y、Z,值皆接近零线结构区。

6.5 关于零线结构及其效应稳定性的讨论

强对流云的发生是大气位势能向动能转化,是调整态,而零线结构是各个场间配置导致的场间相互作用处于局地动态平衡的体现,是大不稳定区中的小稳定域,见图 6.12。

维持这种稳定小域的主导因素是流场,因为流场结构存在着,其他各场能够跟上

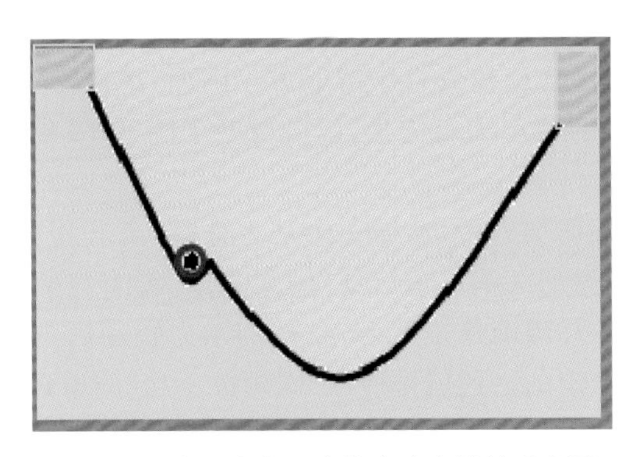

图6.12　大不稳定区中的小稳定域的示意图

去与之适配，流场与其他场的关系是主从性的。强对流云中零线结构的自然形成就是这种主从关系的表现，而且零线结构的效应约束着大粒子群的运行增长轨迹，使粒子群很难注入主上升气流区去引发压灭性的负反馈，反而有利于流场与其他场处于正反馈状态；负反馈没能启动，在这里水凝物负载不但未能压制主上升气流反而被气流顶成有界或无界弱回波区（BWER或WER）；这里又是负温区不会发生冰粒子的融化降温，等等。即微观场可以对流场起作用的负反馈因素没有条件启动，而凝结—冻结的加热正反馈则在主上升气流区存在着。

看来，在零线结构的形成强化过程中，流场与微物理粒子场间保持着正反馈状态，为此，微观粒子场的变化难以去制约流场。竞争雹胚的做法即使可行，也只使新生雹粒子群的尺度变小。要制约流场只能是施加动力扰动抑制效应。

由于动力场结构的主导性及其他因子的从动性，使得其云体动力框架具有一定的准稳定性。观测表明（范浩 等，2019；王建恒 等，2020；龚佃利 等，2021），雹云的零线结构往往能维持3个以上的雷达体扫时段（即大于18 min）；模拟再现也显现出雹云动力框架的准稳定性支撑着零线结构的准稳定，见图6.13中的雹云云体内零线位

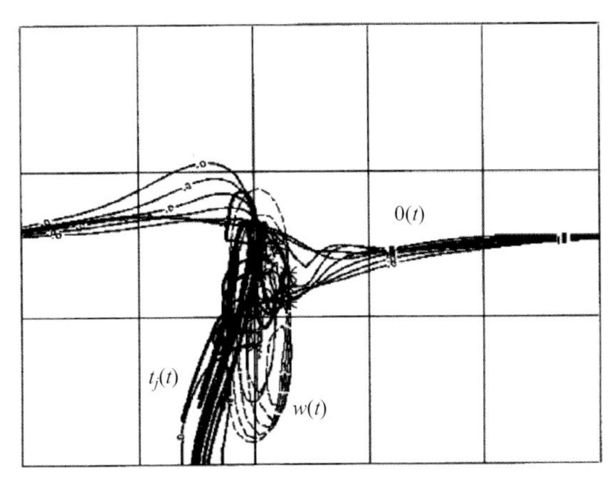

图6.13　零线位置0(t)、主上升气流区w(t)及大雹运行增长轨迹$t_j(t)$随时间演化的模拟图示

置、主上升气流区及大雹轨迹随时间的演化。这说明在雹云动力结构起主导作用的境况下，云中的各个场有自调整或自维持能力。因而，可以出现如图4.32那样恰好平衡或如图4.21那样的动态平衡情景，即可稳处于图6.12中红圈所示的局部小稳定区中。

但当有外加动力扰动加入后，动摇了主动力框架，离开局部小稳定区时，就跌入到图6.12的背景大不稳定区了。这恰如“倾巢之下，焉有完卵”！换言之，处于内在因素相互作用中形成的局地准稳定状态，在外加动力扰动后，一旦离开了平衡态，对外界扰动可以是很不稳定的。这就是所谓“四两拨千斤”的道理吧。

6.6 结语和展望

(1)结语

1)明确了“局地动力扰动场对云体主流场具有抑制效应”的结论。防雹增雨就是如何运用好“抑制”去控制雹云演化的走向。

2)对比1995年WMO防雹专家组列出的6种防雹假说：

① 雹胚间的限制增长的竞争(利益竞争)；

② 从雹胚区提早落出(早期降雨)；

③ 云水冻结；

④ 轨道降低；

⑤ 低效率弱风暴单体中促进碰并；

⑥ 播撒引起动力效应。

可见，上述有4种假说(①③⑤⑥)是从云降水微物理学角度提出的，鉴于雹云中存在着激烈的宏微观场间的相互作用，单从立论上就是“先天不足”；只要早期降雨②和轨道降低④这2项能够做到，就是可直接达到防雹及实现“化雹为雨”的方案，但靠什么举措来达到呢？没有举措就是空谈。而当有了人为抑制上升气流的举措以后，不仅这二者是云体主气流框架衰弱的必然反映，而且所有因此而生的种种现象(如：炮响雨落、雷闪雨泻、箭飞云消、回波强中心下落等)皆是“抑制”的效果显现。这样一来，爆炸及其他动力扰动对强对流云的影响能力才算真正拥有，技术要领才能把握得当，效果也才会明显提升。

3)几十年来的防雹实践表明，在防雹中不断地去克服空谈、修补漏洞、完善缺陷的，最为积极的正是中国。关键是人众防雹“守土有责”，继承了精华，提炼了机理。

看来，我国在与众不同的防雹实践中走的路似乎是走对了！

如果的确是走对了，就应该承认、学习、继承、发扬光大！

(2)展望

怎么去继承、发扬及光大我国的防雹之长呢？

首先，需变革学术态度，向实践者学习。不可依已有的知识去判断未知的对错，理解的就盲日地信，不理解的就盲目地不信，两者的学术态度皆带“迷信”色彩。“隔行如隔山”，但“隔山不隔天”啊！不就是需要跨学科吗？在学科发展中经常是需要跨学科探索的。就以大气物理学为例，由于大气物理学并不是所有的物理学，所有的物理学也并不能解决大气物理中的所有疑问，不跨出本学科或本分支学科，自然会陷入“故步自封”之境，难于发展。该“跨”就“跨”吧！只要虚心多学，登高望远，山是隔不断天的，会重见海阔天空并一目了然。

恰似，登上黄鹤楼，“极目楚天舒”！

其二，实践中种种效果表现虽已在多年多地的防雹作业中有所佐证，但还是需要组织专业队伍来进行专项严格的再现检验，切忌以偏概全才能避免战略误判；在把握好大方向的前提下，进行新一轮的实践—理论—再实践的升华提炼，扎扎实实地为构建具有中国特色的、现代化的防雹体系打造牢固的科学技术基础，这样才能真正继承精华、发扬光大。

参考文献

范皓，杨永胜，段英，等，2019. 太行山东麓一次强对流冰雹云结构的观测分析[J]. 气象学报，77(5)：823-834.

龚佃利，王洪，许焕斌，等，2021. 2019 年 8 月 16 日山东诸城一次罕见强雹暴结构和大雹形成的观测分析[J]. 气象学报，79(4)，DOI：10. 11676/qxxb2021. 032.

河北人影办，2020. 项目技术报告(段英撰写)：项目号 hbrywcsy-2017-00. 三--(三)--5：130.

何晖，高茜，刘香娥，等，2015. 积层混合云结构特征及降水机理的个例模拟研究[J]. 大气科学，39(2)：315-328.

黄美元，王昂生，1980. 人工防雹导论[M]. 北京：科学出版社.

李斌，2020. 人工防雹作业效果物理评估方法运用初探[J]. 沙漠与绿洲，14(5)：113-118 .

李连银，1996. 用雷达回波参量变化分析高炮人工防雹效果[J]. 气象，22(9)：26-30.

王建恒，陈瑞敏，胡志群，等，2020. 一次强雹云结构的双多普勒雷达观测分析[J]. 气象学报，78(5).

王连泽，席葆树，2000. 声场对场影响的研究[J]. 工程力学，17(5)：79-87.

王思微，许焕斌，1989. 不同流型雹云中大雹增长运行轨迹的数值模拟[J]. 气象科学研究院院刊，14(2)：171-177.

夏彭年，2018. 人工影响天气 60 周年[M]. 北京：气象出版社：32.

许焕斌，1992. 云的粒子随机并合和粒子分布谱演变[J]. 大气环境研究，5：12-19.

许焕斌，2001. 爆炸影响云雾实验结果的分析和数值模拟再现[J]. 气象科技，29(2)：40-44.

许焕斌，2012. 强对流云物理及其应用[M]. 北京：气象出版社.

许焕斌，2014. 人工影响天气动力学研究[M]. 北京：气象出版社.

许焕斌，2015. 人工影响天气科学技术问答——探索理论通往应用之路[M] . 北京：气象出版社.

许焕斌，2017. 人工影响天气动力学研究：第二版[M]. 北京：气象出版社.

许焕斌，段英，1999. 云粒子谱演化中的一些问题[J]. 气象学报，57(4)：450-460.

许焕斌，段英，2001. 冰雹形成机制的研究——并论人工雹胚与自然雹胚的“利益竞争”防雹假说[J]. 大气科学，25(2)：277-288.

许焕斌，段英，2002. 强对流(冰雹)云中水凝物的积累和云水的消耗[J]. 气象学报，60(5)：575-583.

许焕斌，段英，吴志会，2000. 防雹现状回顾和新防雹概念模型[J]. 气象科技，4：1-12.

许焕斌，王思微，1984. 关于声振动对球形降水粒子运动边界层和运动状态的影响[J]. 气象学报，42(4)：431-439.

许焕斌，王思微，1985. 关于爆炸或声振动对降水粒子运动状态的影响——湍流比拟作用和条件[J]. 气象科学技术集刊，9.

许焕斌，尹金方，2017. 关于发展人工影响天气数值模式的一些问题[J]. 气象学报，75(1)：57-66.

张义军，言穆弘，董万胜，1995. 人工触发闪电与降雨倾泻[J]. 高原气象，14(4)：406-414.

赵仕雄，许焕斌，德力格尔，2004. 黄河上游对流云降水微物理特征的数值模拟试验[J]. 高原气象，23(4)：495-500.

BROWNING K A，FOOTE G B，1976. Airflow and hail growth in supercell storms and some implications for hail suppression[J]. Q J R Meteor Soc，102：499-533.

FOOTE G B，1979. Future aspects of the hail suppression problem[C]//Seventh Conference on Inadvertent and Planned Weather Modification,10:8-12.

LI Xiaofei, ZHANG Qinghong,ZHOULiping,et al,2020. Chemical composition of a hailstone: Evidence for tracking hailstone trajectory in deep convection[J]. Science Bulletin,65(16):1337-1339.

MACLIN W C,1962. The Density and Structure of Ice Formmed by Accretion[J]. Q J R Meteor Soc,88(375):30-50.

MILLER L J,et al,1990. Precipitation Production in a Large Montana Hailstorm: Airflow and Particle Growth Trajectories[J]. JAS,47:1619-1646.

MORGAN G M,1973. A general description of the hail problem in the Po Valley of northern Italy [J]. J Appl Meteorol,12:338-353.

SHI Yang,WEI Jiahua,LI Qiong,et al,2021. Investigation of vertical microphysical characteristics of precipitation under the action of low-frequency acoustic waves[J]. Atmospheric Research,249, 105283.

TAKAHASHI T,1978. Riming electrification at a charge generation mechanism in thunderstorms [J]. JAS,35:1536-1548.

WMO,1995. Meeting of experts to review the present status of hail suppression:WMO TD No. 746 [Z].

ВУЛБФСОН Н И,ЛЕВИН Л М,1972. Разрушение развиваюшихся кучевых облаков с помощью взрывов,Изв. АК СССР[J]. Физика атмосферы и океана (2).

基础知识、变频声喇叭和燃气炮外场效应测试简介

从原则上来看，只要人为干预能减弱上升气流、减小降水粒子阻力、增加粒子间的位移差等，就可能变更流场与粒子群场间的配置情况，从而在不同程度上影响各类水凝物粒子群的运行增长状态。如果操控适当，去改变原有的自然演化流程，就有可能达到消云雾、增雨、增雪……

在本书正文中，已介绍了外加非均匀扰动场（点爆炸扰动、高速飞行扰动迹、有序振动的高梯度声场及比拟湍流）可以抑制主上升气流强度及流型。为了更深入细致地理解正文内容，尚需要补充一些相关知识；鉴于外场试验的重要性及复杂性，作为应珍视的经历性素材，也介绍了2个相关外场试验的情况及部分结果。这些内容分三个部分列在附录中。

一、基础知识

(1)绕球流动的流体力学

绕球（圆柱）运动与绕圆盘运动的阻力变化如下。

绕球流动大圆剖面流型与绕无限长圆柱剖面流型的流体力学特征是等价的。

从附图1可以看出，当雷诺数 $Re<1$ 时，阻力系数 Cd 与 Re 成反比。而且没有发生边界层分离，仅有摩擦阻力。随着 Re 增加达到40左右时，边界层发生分离，压差阻力逐渐增大，成为总阻力的主要成分。当 Re 大于60，绕球流动尾端的涡旋开始周期式脱落并形成卡门涡街，压差阻力已占到总阻力的90%。到 Re 接近2000时，阻力系数 Cd 最小，约为0.4。再随着 Re 值增加，伴随着分离点前移和尾流区中紊流加强，阻力系数 Cd 上升到0.6，压差阻力已是总阻力了。当 $Re=2\times10^5$ 时，发生了边界层再附和分离点大幅角后移，尾流区明显收缩，流型突变成流线型，阻力系数 Cd 断崖式降到0.1。

绕球流动的阻力系数随雷诺数增大而变化中，绕流流型也在变化着（附图2）。

随着流型的变化，压差阻力就成为阻力的主要组成部分（附图3）。

边界层分离的机理是由于在黏性力作用下，顺压梯度转化为逆压梯度，出现了底层逆向流（附图4）。

绕曲面流的边界层分离后的再附（附图5）。

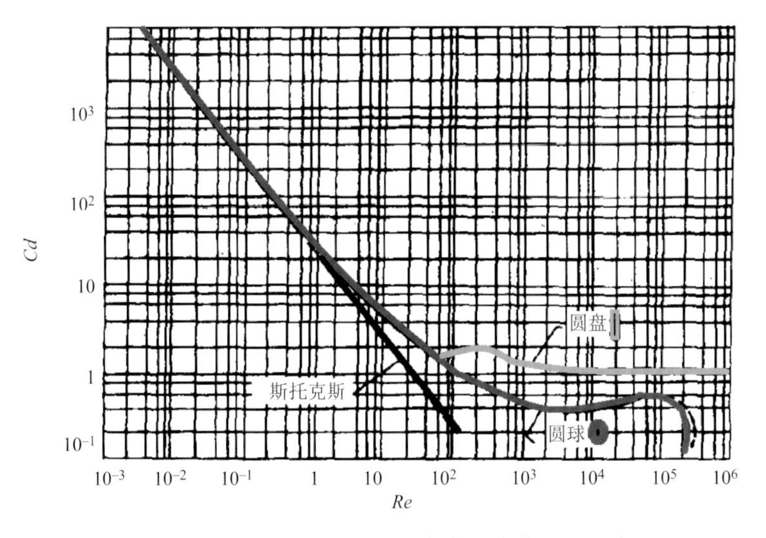

附图 1 绕球(圆柱)流动的阻力系数与雷诺数大小的关系图

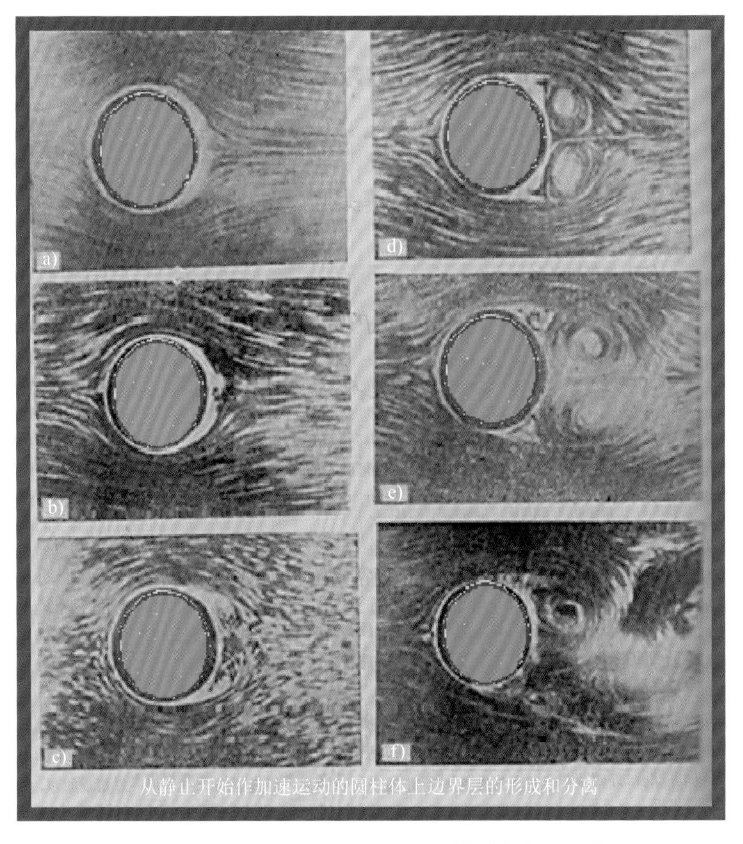

附图 2 绕球流动的流态随雷诺数增大在变化着

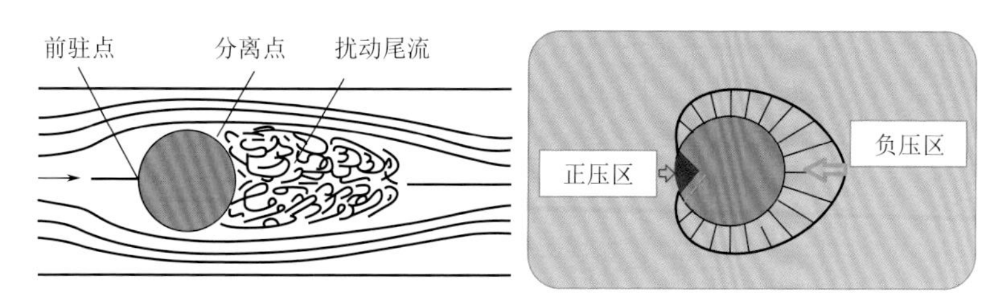

附图 3　压差阻力(形状阻力)的形成示意图

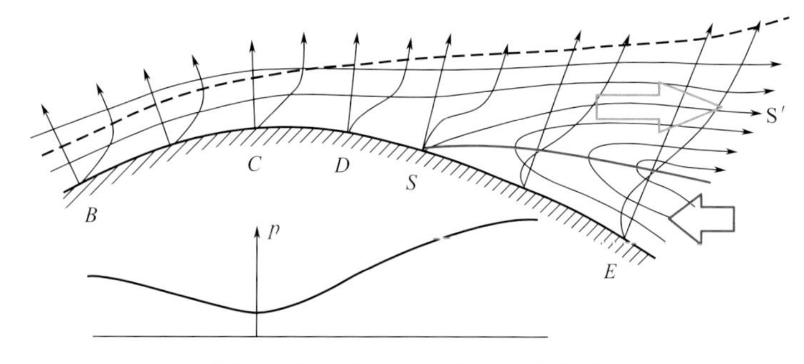

附图 4　流动边界层的分离的机理图示

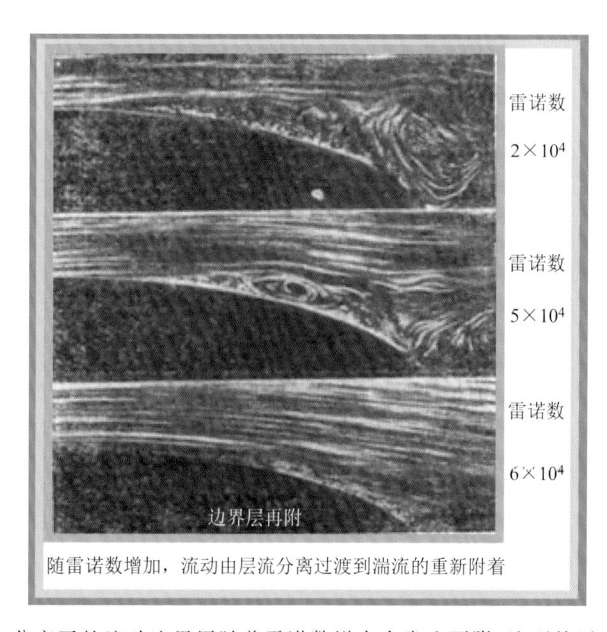

附图 5　分离了的流动边界层随着雷诺数增大会发生再附，流型趋近于流线型

绕球边界层的分离点随雷诺数的增加，可由 180°(不分离)前移到 83°，湍流再附后，又可退到 120°～130°。

振荡边界层的 2 次流及其效应见附图 6。

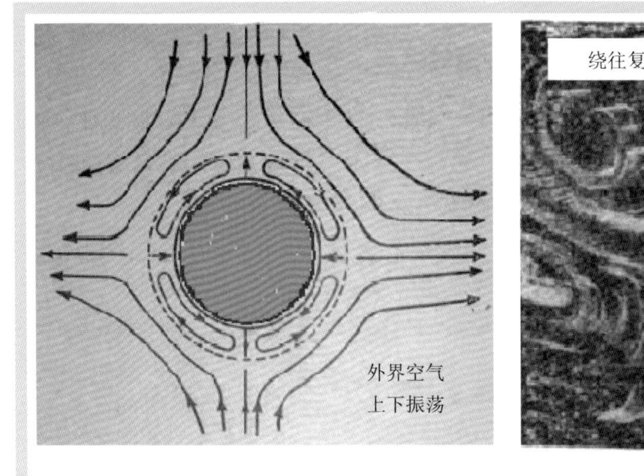

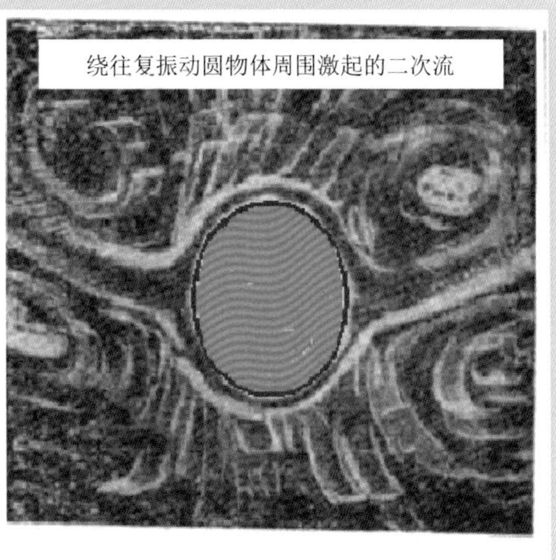

附图 6　空气的上下振荡，向球流动的空气是主动的，空气向左右流出是绕球诱发流。并在球面形成次环流气垫

介质振动改变边界层流型，诱发气垫式次级环流，防分离，可减阻。

当球以末速下落中，有垂直向声振荡时，上下振荡流形成的动压力在一个周期内平均值等于零，但由于球在下落中，下部压力大、上部压力小，形成压差阻力，而二次流的存在会促使空气更多地流向负压区，提升了上部的气压，使上下的压差减小，从而降低了形状阻力，起到了类似的边界层再附的效果，结果 Cd(阻力系数)大幅下落，流态转化为流线型。

(2)能减少阻力增加雨滴落速的举措，皆可促使雨滴降落，增雨

改善绕球流态，即把分离流变成绕流线体的层流，可把阻力系数明显减小(附图 7)。

声振动能够强化边界层内的动量交换，阻滞边界层分离，填塞尾流低压减小压差阻力，增强拟紊流度促进边界层再附等，改善了绕流流态，降低了阻力，起到了声"润滑"作用，增加了雨滴落速。而且，爆炸、高速飞行扰动能终会转化为声，声如有"润滑"作用。其影响范围会明显扩大。

附图 7 所示的是声润滑的一种效应。

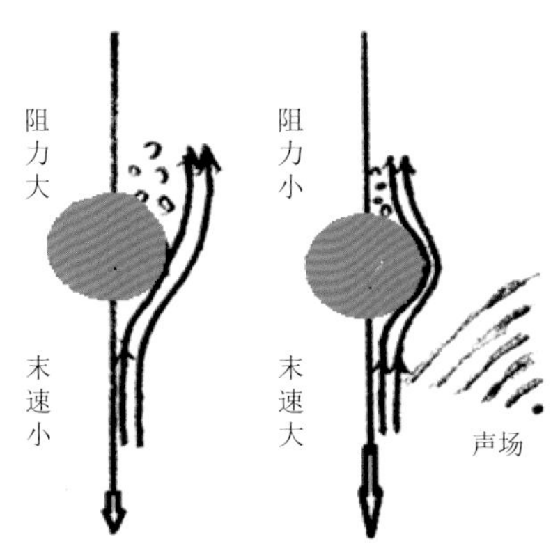

附图 7　声场照射的绕球流动的流态及阻力变化示意图

雨滴的末速公式：

$$V=\left(\frac{4dg\rho}{3Cd\rho_a}\right)^{1/2}$$

式中，V 是末速，g 是重力加速度，Cd 是阻力系数，d 是滴直径，ρ 是滴密度，ρ_a 是空气密度。

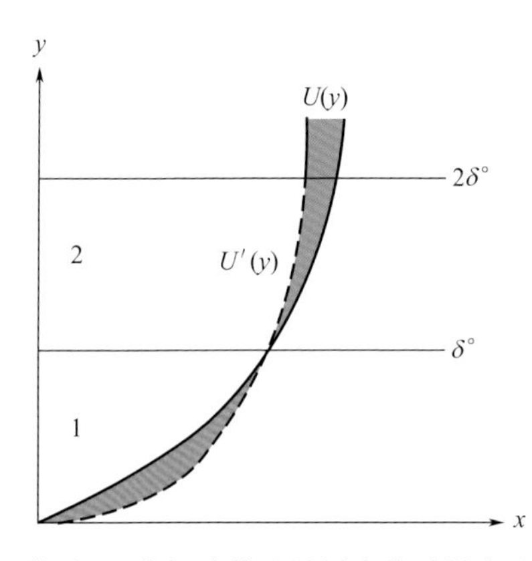

附图 8 声振动使边界层内的动量发生强制交换，把实廓线转为虚廓线

可见，如果声振动的润滑效应，使 Cd 由 0.9 变到 0.3 时（甚至可以低于 0.1），按减小 3 倍算，V 就增加到原先的 1.73 倍。原来上升气流能托住的雨滴，在声照射下雨滴被润滑了，V 加大了，气流再也托不住它了，它就可能落出云底，形成地面降水。

声振动引起的边界层内的动量强制交换，使实廓线转为虚廓线，加速了底层的流速，可阻止出现逆向流动的发生，导致边界层的分离（见附图 8）。

当与球运动边界层厚度相当的高频小振幅声振引起的动量向边界层底层传输，使底层速度增加，防止或推迟了边界层的分离。大振幅低频声振是否可把自然边界层破坏？变成什么流态？

（3）理论探讨（许焕斌 等，1984，1985）

依据边界层一般动量方程可以推导出含有声振动效应的动量方程，并得到描述边界层速度剖面 f 的参数解：

$$f=\frac{U'}{U^b r_0^2}\int_0^x [a-G(\xi)]U^{b-1}(\xi)r_0^2(\xi)\mathrm{d}\xi$$

式中，$G(x)$ 是声振动影响项。

从 f 的变化得到边界层分离的角度 θ_s。

附表 1 不同声强 *I* 计算结果

	I	θ_s	$\Delta\theta_s$
$G=0$	0	81.8°	—
$G=G$	10^5	83°	1.2°
	10^6	86.16°	4.36°
	10^7	无分离	—

当不加声场时，$G=0$，分离角等于 81.8°；

当加声场时，$G=G$，随着声强的增大，分离角逐不变大，直至无分离发生。

注：声学基本参量间的关系式：

$$I=(1/2)\rho CV^2$$

式中，I 是声强(g/s)，C 是声速，V 是声振速度：$V=2\pi fA$，ρ 是空气密度，f 是声振频率，A 是声振振幅，$\rho C=4.8\ \mathrm{g/(cm^2\cdot s)}$。

(4)声外场试验佐证(Shi et al.,2021)

青海大学的魏加华(Jiahua Wei)课题组于2019年7—11月在黄河源区的达日进行了外场低频声波对云-降水特征的影响试验。加与不加声场试验的次数是39∶10。其中有一项内容是用雨滴谱仪(OTT,Parsive12)观测滴尺度、滴落速及取样雨滴数的资料，并对一个较稳定的层状降水云的个例资料进行了研究，对比了加声场及停声场的前后的谱型变化。

达日外场试验设备布局图列在附图9中。

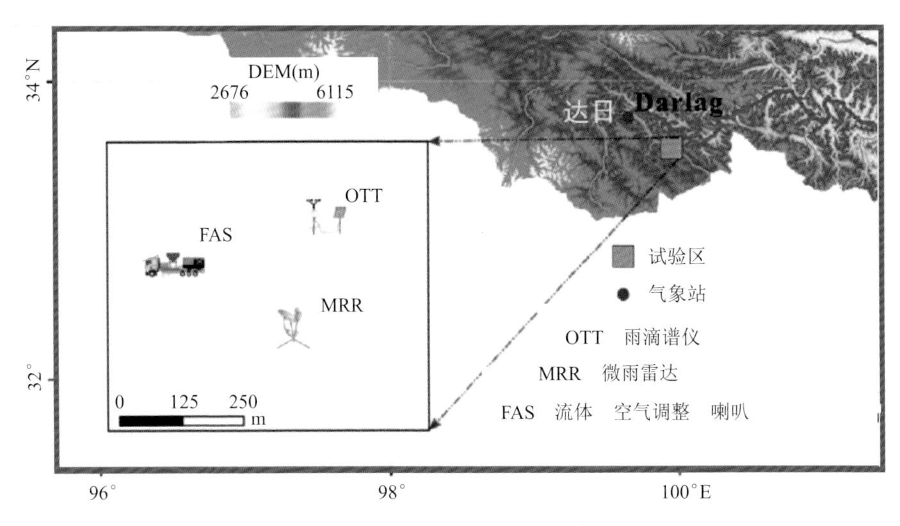

附图9　达日外场试验区位置及设备布局图

观测结果见附图10。在加声场照射时的雨滴谱中(见附图10a,b)，雨滴的取样数值在增加着；而在停止声场照射后，雨滴谱的变化突然呈现为双层2次函数关系型(见附图10c)；在最后的20 min内雨的时序变化是，整个雨滴谱中的粒子数值都在急剧减少着(见附图10d)。

地面观测到的雨滴谱参数分别是在一段时间内降到雨滴谱仪收集面积内的雨滴大小、雨滴落速和雨滴数目(总取样滴数)。从图中的谱形演变来看，雨滴大小的分布特征变化不明显，但雨滴数量值变化很明显，而且在发声装置停机后的附图10c中出现了全滴谱的落速双层(分层)现象，即一个大小的雨滴具有2层快慢不同的落速。这是怎么个机理形成的呢？

如果声场照射下的雨滴运动，存在着上述的“声润滑”效应，它的尺度不变但落速应变大，落速大了在取样时间内测得的粒子数量就变多了，彩标上的对应值自然会增加。这就出现了附图10a,b的整体谱这的滴数值在增加。而当声照射停止后，随着

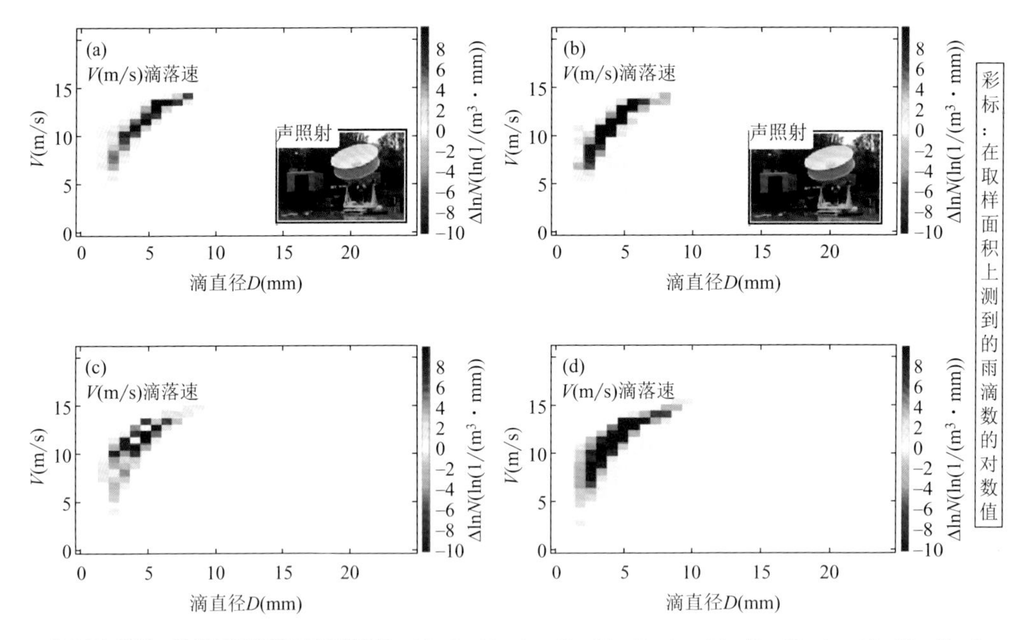

原文图8说明：近地面雨滴谱DSD时变廓图：(a)t=0～20 min；(b)t=20～40 min；(c)t=40～60 min；(d)t=60～80 min. 外场试验中，前40 min加声场照射，40 min后停声照射，再观测40 min。每帧图是20 min的结果。

附图 10 加(a,b)、不加(c,d)声场照射下的雨滴谱时间演变图

“声润滑”效应的消失，出现了同一尺度的雨滴群暂时具有两个明显可区别的落速差，谱型呈现出“双层 2 次函数型”；当“声润滑”效应完全消失后，随着雨滴落速的变小，再加上前期的云中雨滴加速降落，新雨滴尚待形成补充，测得的雨滴数就会急剧减少。

如上所述，如果能用雨滴落速的变大来解释附图 10 所显示的 DSD 演化，就是对存在“声润滑”效应的一个佐证。

二、声场雨效应的增雨外场试验简介

试验场地：北京海淀、平谷。

目的：在定时交替开关机调整下，观察声喇叭照射云体对地面雨情的影响。

组织者：清华大学老科技工作者协会-北京维埃特新技术发展有限责任公司(简称“维埃特”)，北京市人影办。

参试者：维埃特、北京人影办相关人员。许焕斌全程参加了试验。

试验方案：随机对比。见云到天顶附近即开机声喇叭(附图 11)。开、关机无主观意图。为了对比开、关机的影响，期望能对同一云体能起码取得 2 份资料。因此，对于对流性降水开关机时间短些；对于稳定性降水开关机时间长些。

(1)声响雨落

附图 12 显示，对含雨尚未出现降水的云，声响雨落，落下雨滴，打在地表水面上

附图 11　变频喇叭(绿色)和大口径测雨器图(在常规雨量器上加一个大直径的漏斗)

附图 12　声响雨落(无降水云对声照射的反应)

激起了波纹。

(2)声响雨大、声停雨小

从附图 13 所示的 3 组 6 次试验中雨情随开关机的变化结果可明显看出:对已降水的云,声响雨大,关机雨小。变化起伏只是与开关机同步,排除了是自然变化的可能。

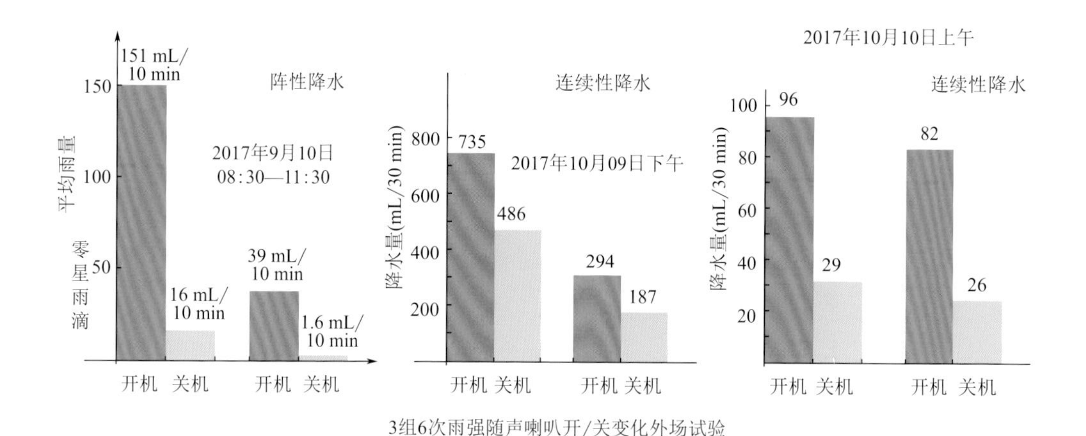

附图 13　3 组 6 次雨情随声喇叭开关机的变化图

三、华云燃气炮的效应测试简介

(1)关于欧洲乙炔炮防雹的问卷调查

欧洲乙炔炮的防雹效果的问卷调查(密云气象局祝晓芸提供的文献搜索信息)

美国加利福尼亚大学的问卷调查中，有 6 位年长的既种植果树又进行防雹的农民给出了问卷答卷(注:能找到有这样资质的 6 人实属不易了)。

这是在农业中实际运用的发展中的冰雹炮的一种辨检计划(加利福尼亚州综合技术大学，农业教育和通信分部科系)中的问卷调查结果。结果是肯定的。

现摘录如下:

问:在使用冰雹炮期间有重雹灾吗? 问卷数 $N=5$。

Yes 是	No 否
0	5

$N=5$

问:在过去雹灾严重吗? 问卷数 $N=6$。

Yes 是	No 否
6	0

问卷数 $N=6$

问:在未使用炮的相邻庄稼地里目测到灾害吗? 问卷数 $N=6$。

Yes 是	No 否
6	0

问卷数 $N=6$

问:冰雹炮是高性价比防冰雹对庄稼造成灾害的手段吗?问卷数 $N=6$。

Yes 是	No 否
6	0

问卷数 $N=6$

(2)寿县试验

目标:参数及响应测量。

组织者:中国华云气象科技集团、安徽省人影办、寿县观象台、安徽四创电子股份有限公司。

参试组人员:袁野、黄勇、吴林林、朱世超、许焕斌等。

顾问:阮征、吴俊。

试验时间:2015 年 8 月 15 日。

寿县观象台设备布局,见附图 14、附图 15。

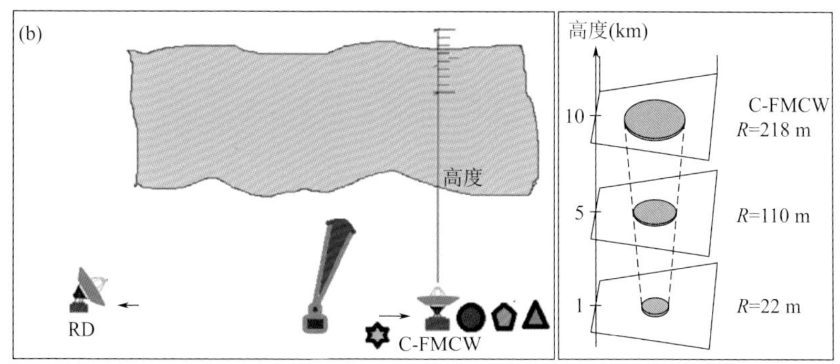

C-FMCW, RD, 风廓线仪、雨滴谱仪、雨强计、多频道微波辐射计配置图

附图 14　寿县观象台燃气炮参数测量中设备布局图 C-MFCW(C 波段连续波变频雷达)

(a)布局鸟瞰图;(b)设备布局,时空一致是观测试验设备布局的基本要求

在寿县观象台对燃气炮的测试中,C-MFCW(C 波段连续波变频雷达)反应灵敏,资料海量。取得的资料虽多,但能理解的甚少,因而得不出明确的结果,如何理解尚

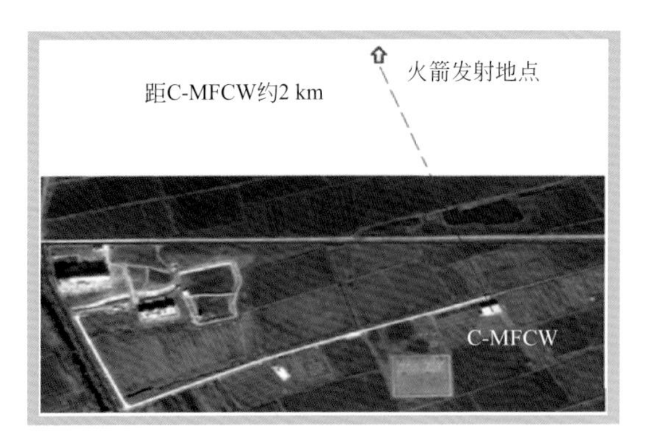

附图 15 在寿县观象台用 C-MFCW 雷达测火箭对气流反应时的设备布局图

需努力。例如，当燃气炮响时，屏幕上显示出回波强度及垂直分布柱有明显变化；多普勒速度值变化更明显且速度柱出现多次折叠，柱高度可达 5 km，但由于数据处理中的疑问及物理含义不明，尚难给出它在物理上意味着什么，处于“听到声响不解其意”的状态(请参见封三图)。

所以，这里只能简单介绍设备布局，供今后测试者参考。

而在寿县观象台对火箭穿越 C-MFCW 雷达波束时的反应测试中，检测到涡旋运动的信号。相关分析结果已在 5.6 节中叙述。

(3)延庆燃气炮效应测试

时间：2016 年 9 月 6 日。

地点：北京延庆张山营防雹点。

参试人员：中国华云气象科技集团及中国科学院大气物理研究所 LAPC 相关人员，许焕斌、贾烁参加了测试全过程。资料记录、整理、画图者：贾烁(华云公司)。

测点布置见附图 16。

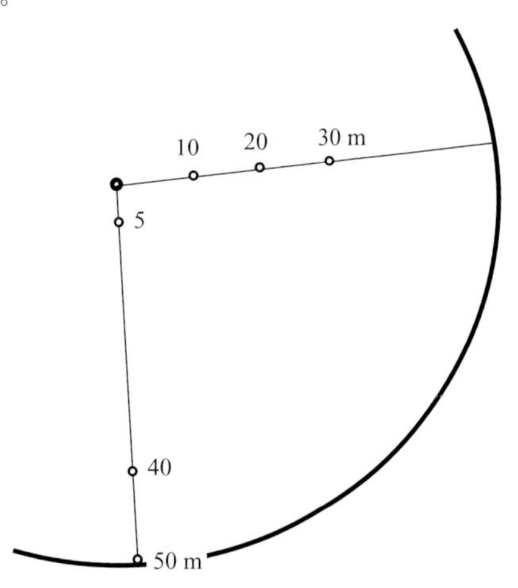

附图 16 延庆燃气炮对局地低层风的影响测试设备布局图

以燃气炮为中心，三台 3D 超声风速仪先分别安装在偏东侧距离 10 m、20 m、30 m 处，后安装在偏南侧的 5 m、40 m、50 m 处。由于 6 个测点 3 台仪器，所以分 2 次来完成测试(附图 16)。

3D 超声风速仪观测数据包括 U_x、U_y、U_z 三个方向的风速分量，分别是自南向北为正，自东向西为正，自下向上为正。其中线和数值是仪器离燃气炮的方位及距离，单位：米(m)，13:06—13:26，超声风速仪记录未作业情况下的大气自然背景风速值；13:27 启动燃气炮，13:28—13:43 共发射 113 次冲击波；13:44—13:58 超声风速仪记录作业结束后的衰减情况。

延庆测试取得了海量的风演化资料。从经过试分析的产品来看，物理意义较为明确又比较可靠的是在燃气炮工作前、中、后的优势风向有明显转向，见附图 17、附图 18。

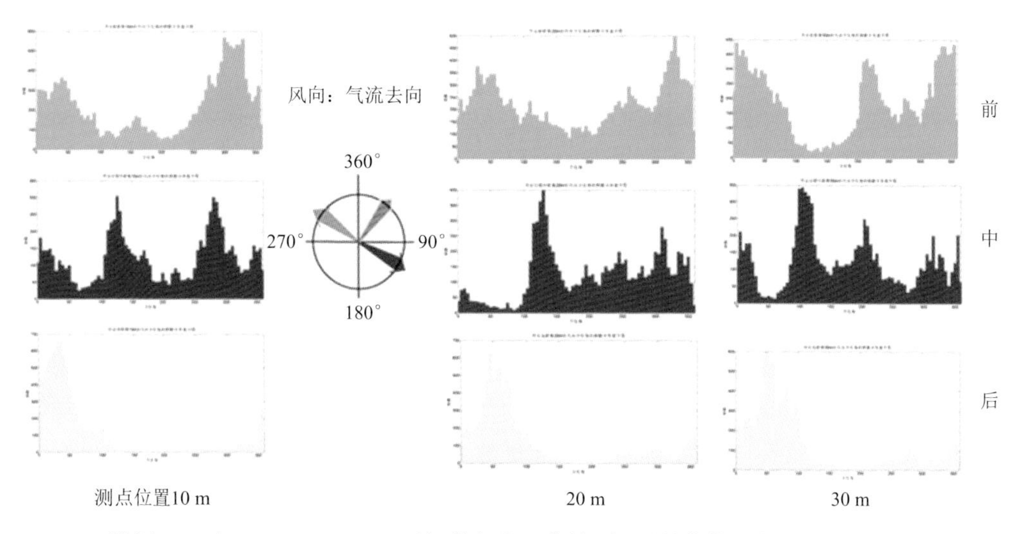

附图 17　在 10 m、20 m、30 m 处，燃气炮工作前、中、后的优势风向按方位的分布

对比附图 17 中的优势风向的分布可见，优势风向在燃气炮工作中比工作前有明显转向，优势风向的方位角的位置向大值转(顺时针转)，而工作后比工作中有明显回转。

对比附图 18 中的优势风向的分布可见，优势风向在燃气炮工作中比工作前也有明显转向，也是顺时针转，而工作后比工作中有回转。

优势风向在燃气炮工作前、中、后的往返转向，是气流被激起涡的反映。

涡的作用就是使气流转向！一种合理的理解是：在燃气炮开机工作中，它所产生的扰动效应激发了外加涡旋，这个外加涡旋引起了优势风向的转向；而当停机后随着外加涡旋的消失，优势风向又回转向自然状态。

二次测试中皆出现同样的优势风向演变，意味着不太可能是偶然的现象，反而有可能是燃气炮的工作产物与环境局地风场相互作用的表现，其中蕴含着规律性的启

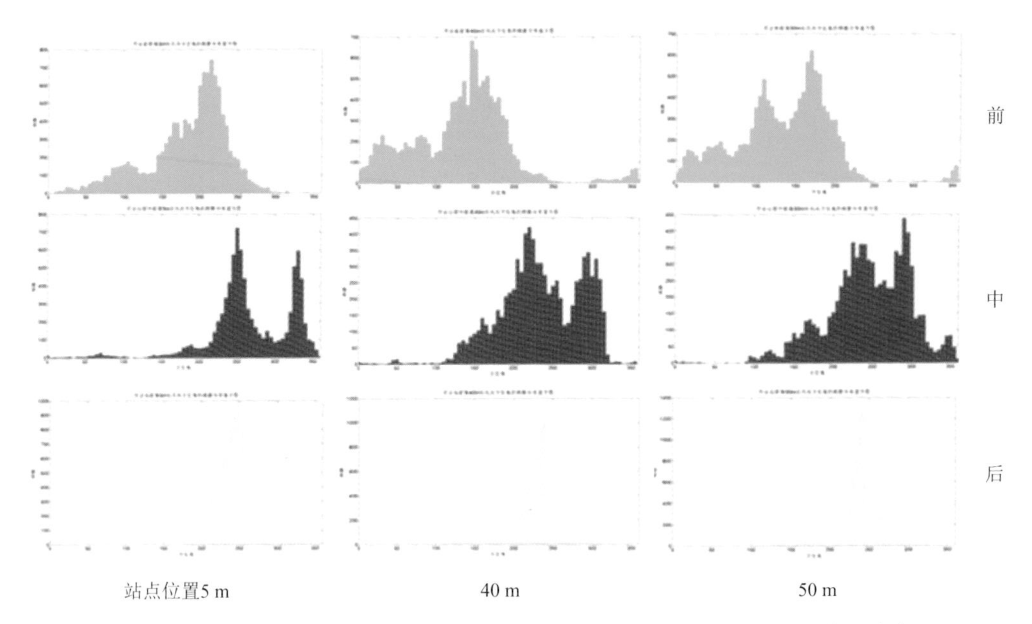

附图 18　在 5 m、40 m、50 m 处，燃气炮工作前、中、后的优势风向按方位的分布

示吗？值得进一步去关注。

这次测试的目标原是想测雷诺应力场的，但在其结果中没能看清应力场的存在，而是在经分析气流场的变化后看出了应力场对气流的效应表现。

虽然没能直接测出这个应力场，由于测得的流场变化特征是与理论模拟预期相似的，从而提供了雷诺应力场曾经存在过的线索。造成这样结局的因素可能有多种，但其中一个因子需要特别关注：即扰动速度应力场所含的能量在诱导出涡旋流场后，就被快速地转化为涡旋运动能而消失了，这预示着扰动应力场的起效速度是很快的，也预示着即使扰动应力场较弱，但对于“身轻如燕”的空气来说也能展现出它的后续效应。

后记

以顾震潮先生为榜样，推进人工影响天气的创新发展

——名家的怀念

顾震潮老师是首先提出要研究农民迫切需要的人工防雹问题，也是第一执行者。

巢纪平院士写道：

> 地球科学中相当多的领域与人民的生命财产和经济发展有密切关系，雹灾就是其一。为了保护生产成果，几百年来用土炮对认为能降雹的云进行轰击以消雹。这自然是一种朴实直观的想法。
>
> 科学工作者们面对劳动人民大规模防雹实践，首先是被这种精神所感动，进而有责任去研究它的科学性，并加以改进发展。在20纪50年代末，原中国科学院地球物理研究所有一批年轻人在顾震潮先生带领下开始进行人工降水和人工防雹研究。他们首先将之前人们为消雹所用的土炮改为直接可以将炸药送入云中的高射炮，进而又和原中国科学院声学研究所合作，对土炮轰击时产生的冲击波和声波的强度和衰减进行了布阵测量。
>
> 顾震潮先生是首先提出中国科学院要研究广大劳动人民迫切需要的人工防雹问题的。他是一位才华横溢的科学家，也是一位忠于共产主义的战士。他的贡献不止在人工影响天气方面。原中国科学院地球物理研究所诸多新学科，如数值天气预报、云雾物理、激光测距测颗粒雷达和声测风雷达等，都是在他倡议并领导下开展的。虽然他并没有按现在评估体系写出多篇SCI文章，但他对新中国大气科学发展的功勋远不是SCI文章可以衡量的。
>
> 值得指出的是，他的英年早逝也与人工防雹有关：当时在困难条件下，他身为中国科学院大气物理研究所所长，独自一人前往山西再度考察群众土炮防雹经验，身染肝炎又不休息，致使病情加重而去世。
>
> 作为那个时代的见证人之一，我感慨万千。我对群众百折不挠的人工防雹壮举表示敬仰，我怀念着顾震潮先生。
>
> （摘录自巢先生为《人工影响天气动力学研究》写的序，2014年2月28日）

夏彭年研究员的回忆：

> 1972 年 1 月顾震潮老师在内蒙古自治区气象科学研究所听到多伦气象站的孟志春说，对层云打炮后观察到，云中有气团连续不断地向上翻滚，在山沟底部用爆炸影响沟中的雾时也出现了类似的雾顶起伏现象。顾先生当场建议重复此项试验。于是，夏彭年与孟志春等在 1973 年 10—11 月在二道沟林场继续试验。他们在对 2 次晨雾进行贴地爆炸后，均出现雾顶隆起现象。之后，他们又连续 5 年在深秋重复试验，证实爆炸对雾的动力扰动明显，还可以触发过冷滴冻结。
>
> （摘自《人工影响天气 60 周年》）

巢老和夏老所说的顾先生对群众防雹的情怀和在关键环节中的示范性贡献，就是我们做人、做事、做学问的榜样。记得在改革开放的前夕，在 1979 年北京大学举行的“54 校庆报告会”上我作了《关于爆炸影响气流的力学效应》的汇报，赵柏林老师听后就嘱咐我要沿着这一思路走下去，或许能找出其中的道理来。老师们的指导和同辈的响应令我们有了攻坚克难的使命感，这对科技工作者是非常重要的。

在本书出版后的 30 天内，销售激增，说明此书是受欢迎的，也说明学术界对中国的防雹举措是有了些自信，那就如夏老所说的“带着这个自信走入新时代”去继承精华、去发扬光大吧！

作为学生的笔者，请允许我把这本书献给敬爱的顾老师。

许焕斌　鞠躬

2021 年 6 月 28 日于北京